Azza El Amir
Somaya El Deeb
Hany Abo El Hakam

Eficácia do antigénio da paramiosina no imunodiagnóstico da fasciolíase

Azza El Amir
Somaya El Deeb
Hany Abo El Hakam

Eficácia do antigénio da paramiosina no imunodiagnóstico da fasciolíase

ScienciaScripts

Imprint
Any brand names and product names mentioned in this book are subject to trademark, brand or patent protection and are trademarks or registered trademarks of their respective holders. The use of brand names, product names, common names, trade names, product descriptions etc. even without a particular marking in this work is in no way to be construed to mean that such names may be regarded as unrestricted in respect of trademark and brand protection legislation and could thus be used by anyone.

Cover image: www.ingimage.com

This book is a translation from the original published under ISBN 978-3-659-83589-6.

Publisher:
Sciencia Scripts
is a trademark of
Dodo Books Indian Ocean Ltd. and OmniScriptum S.R.L publishing group

120 High Road, East Finchley, London, N2 9ED, United Kingdom
Str. Armeneasca 28/1, office 1, Chisinau MD-2012, Republic of Moldova, Europe
Printed at: see last page
ISBN: 978-620-8-28780-1

ÍNDICE

CAPÍTULO 1. REVISÃO DA LITERATURA

1. Fasciolíase

A fasciolíase é uma doença zoonótica causada por vermes hepáticos do género *Fasciola* (*F.*), dos quais *F. hepatica* e *F. gigantica* são os representantes mais comuns **(OMS, 1995)**. A fasciolíase é uma doença parasitária que afecta o homem ou os animais e que é causada pela ingestão de alimentos contaminados com metacercárias de espécies de *Fasciola* (*Spp.*), levando a grandes perdas económicas nas comunidades agrícolas **(Mas-Coma *et al.*, 1997; Savioli *et al.*, 1999)**. Os bovinos, ovinos, caprinos, camelos, veados, cavalos, burros e coelhos são os hospedeiros primários mais comuns da fascíola hepática **(Rottier e Ince, 2003)**.

A F. hepatica está presente na Europa, em África, nas Américas e nos oceanos, enquanto *a F. gigantica* se distribui principalmente em África e na Ásia **(OMS, 2004)**. Nos últimos anos, a fasciolíase é considerada uma das doenças parasitárias humanas mais importantes **(Mas-Coma, 2004)**, com cerca de 2,4 a 17 milhões de pessoas infectadas em todo o mundo **(Esteban *et al.*, 2003)**. No Egito, causa um grave problema de saúde pública, com cerca de 830.000 pessoas infectadas. A fasciolíase humana tem de ser diagnosticada de forma diferenciada de algumas doenças como a hepatite aguda, a infeção por outros vermes do fígado como a esquistossomose, a toxocaríase visceral, as doenças do trato biliar e a amebíase hepática **(OMS, 1995).**

A fasciolíase pode levar a perdas económicas de ganho de peso, fertilidade e produção de leite. Em caso de infeção com *F. hepatica*, a fasciolíase ovina pode resultar numa perda significativa de sangue, o que representa uma perda de energia metabolizável. Esta situação, juntamente com a diminuição do apetite, pode ter um efeito adverso no aumento de peso. A maior redução no aumento de peso ocorreu nas primeiras 16 semanas (wk) de infeção e continua a verificar-se uma diminuição significativa no aumento de peso durante a fase crónica da doença **(Torgerson e Claxton, 1999)**.

Kumar e Sharma (1991) verificaram que as vacas em anoestro e os animais com repetição de parto apresentavam valores de concentração de hemoglobina significativamente mais baixos do que as vacas com ciclo normal. Como a fasciolíase crónica inclui anemia, concluíram que a infeção por *F. gigantica* pode ser um dos factores responsáveis pela infertilidade observada. Além disso, a produção de leite pode cair 14%, embora a redução da produção de leite possa depender da magnitude da carga parasitária e os animais possam, até certo ponto, compensar com um aumento do apetite **(Torgerson e Claxton, 1999)**.

A fasciolíase caprina é considerada menos frequente e menos importante do que a infeção dos ovinos e dos bovinos; no entanto, a fasciolíase constitui um grande obstáculo à produção de caprinos em muitas zonas do mundo. Sabe-se que o curso da fasciolíase no hospedeiro varia de acordo com a espécie de ruminante; por exemplo, a fasciolíase é frequentemente crónica e subclínica nos bovinos, mas aguda e acompanhada de elevada mortalidade nos ovinos **(Soulsby, 1982)**. Além disso, a resposta contra o parasita difere nas diferentes espécies hospedeiras. Os seres humanos são geralmente infectados pela ingestão de plantas de folha que contêm metacercárias infecciosas **(Mas-Coma *et al.*, 1999)**.

2. Epidemiologia

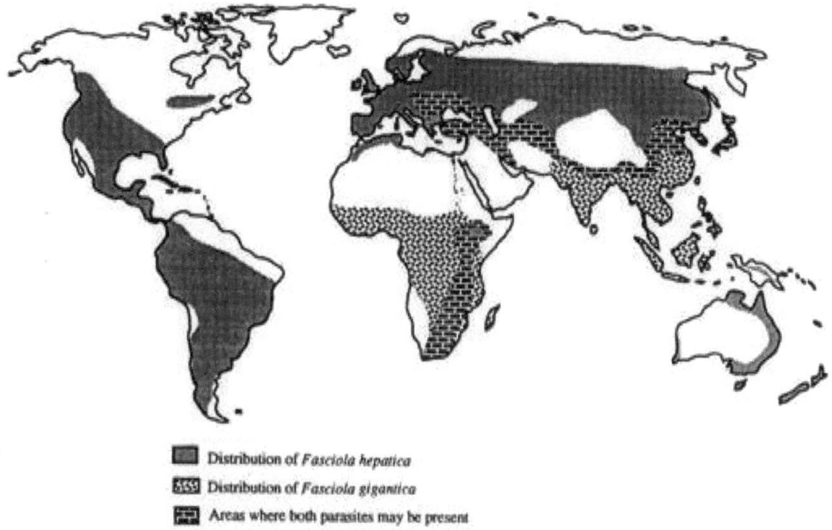

The geographical distribution of *F. hepatica* and *F. gigantica* **(Torgerson and Claxton, 1999)**

A fasciolíase tem uma distribuição mundial numa grande variedade de animais que pastam como ovelhas, cabras, bovinos, búfalos, cavalos e coelhos **(Keyyu *et al.*, 2006)**. Estudos demonstraram que a fasciolíase pode ser considerada como um importante problema de saúde pública **(OMS, 1995; Mas- Coma *et al.*, 1999)**.

A epidemiologia da infeção por *F. gigantica* é semelhante à de *F. hepatica,* porque os dois parasitas infectam o fígado de animais herbívoros e têm formas semelhantes de ciclo de vida. As diferenças sociais e agrícolas entre as regiões tropicais e temperadas onde *a F. gigantica* e *a F. hepatica* são endémicas são consideradas como diferenças importantes que separam a epidemiologia dos dois parasitas **(Spithill *et al.*, 1997)**.

A distribuição da *F. gigantica* é mais limitada do que a *da F. hepatica*, estando restrita aos trópicos e tendo sido detectada em África, no Médio Oriente, na Europa Oriental e no Sul e Leste da Ásia, tendo também sido sugerida a presença da *F. gigantica* no Sul dos Estados Unidos e no Havai **(Soulsby, 1982)**. No entanto, não há provas da presença deste parasita em nenhuma das Américas **(Torgerson e Claxton, 1999)**. Na Indonésia, *a F. gigantica* é uma das doenças parasitárias mais importantes em bovinos e búfalos **(Partoutomo *et al.*, 1985)**. Embora tenha uma incidência menor noutros países da Ásia, em África, a doença é predominante no Egito, Gâmbia, Quénia, Nigéria e Zimbabué **(FAO, 1997)**.

No Egito, **Handy *et al.* (1999)** referiram que, durante os anos de 1994 a 1997, o número total de animais abatidos nos matadouros egípcios foi de 2 003 200 ovinos e caprinos, 2 624 239 bovinos e 3 536 744 búfalos. As taxas globais de fasciolíase foram de 2,02% para ovinos e caprinos, 3,54% para bovinos e 1,58% para búfalos. O exame macroscópico do fígado de ovinos revelou até 100 vermes por fígado no interior de ductos biliares de paredes espessas e amplamente dilatados. O fígado dos bovinos revelou até 275 vermes por fígado no interior de canais biliares dilatados e calcários, com bílis castanha-amarelada ofensiva. O fígado de búfalo apresentava até 330 vermes por fígado. O exame microscópico revelou principalmente paredes espessadas, hiperplasia e fibrose acentuada.

3. Ciclo de vida

Os ovos de *Fasciola* passam do ducto biliar para o duodeno e depois para as fezes. Os ovos são compostos por um grande número de grânulos de gema que envolvem o óvulo fertilizado (140 pm de comprimento). Quando estes ovos são eliminados nas fezes. Sofrem embrionação, operculação e são constituídos por dois tipos de células, a célula somática, que se desenvolve na fase seguinte (miracídio), e a célula germinativa ou propagativa, responsável pela formação da fase seguinte fora do hospedeiro, onde estão expostas a vários factores físico-químicos como a temperatura, a humidade e a tensão de oxigénio **(Andrews, 1999)**.

O miracídio escapa do ovo dentro de 1-2 semanas na água, onde infecta o caracol como hospedeiro intermediário, *Lymnaea spp.* O processo de penetração envolve um aborrecimento mecânico para o caracol, que é facilitado pela secreção de enzimas proteolíticas, o tempo necessário para o desenvolvimento de miracídios nos ovos varia com a temperatura, 10-11 dias a 37-38° C, 21-24 dias a 25° C e 33 dias a 17-22° **C (Garcia, 2001)**. Os ovos não sobrevivem a temperaturas superiores a 43-44° **C (Spithill *et al.*, 1999a)**. Os ovos de *F. gigantica* não se desenvolvem todos ao mesmo ritmo, de modo que, a partir do mesmo lote, os miracídios podem eclodir durante um período de até 14 semanas, aumentando assim a sua oportunidade de infetar um caracol **(Guralp *et al.*, 1964)**. Uma vez libertados do ovo, os miracídios sobrevivem na água durante 18-26 horas **(Asanji, 1988)**. Quando o miracídio chega ao seu hospedeiro adequado, adere ao seu corpo pela papila apical e penetra nos seus tecidos, encontrando o seu caminho para os espaços sanguíneos no teto da cavidade pulmonar **(Soliman, 1996)**.

No hospedeiro intermediário, desenvolve-se em esporocistos **(Agarwal, 2003)**. Cada esporocisto dá origem a 5-8 rediae que se desenvolvem mais tarde em cercariae. As cercárias têm um corpo oval e uma longa cauda não bifurcada (leptocercosa); o corpo possui uma pequena ventosa anterior que rodeia a boca, uma grande ventosa ventral, uma faringe, um esófago curto e um intestino com duas ramificações, para além de rudimentos dos órgãos genitais **(Soliman, 1996)**. As cercárias são libertadas em até 15 vagas (geralmente três ou menos), com 1-8 dias de intervalo durante um período de cerca de 7-50 dias, em cada vaga são libertadas 50-70 cercárias **(Da-Costa *et al.*, 1994)**. A libertação começa logo aos 20 dias após a infeção (PI) dos caracóis **(Sharma *et al.*, 1989)**. Cerca de 80% das cercárias são libertadas durante a noite **(Da-Costa *et al.*, 1994)**. As cercárias nadam durante alguns dias e acabam por se fixar nas folhas da erva aquática. Depois de perderem a cauda, ficam encistadas numa concha quitinosa segregada pelas glândulas cistogénicas, transformando-se assim em metacercárias (a fase infecciosa). Podem resistir a condições adversas durante uma semana **(Agarwal, 2003)**

Cerca de dois terços fixam-se a objectos num raio de 6,4 cm da superfície da água **(Ueno e Yoshihara, 1974)**, e os restantes não se fixam mas transformam-se em quistos flutuantes **(Spithill *et al.*, 1999a)**.

A proporção de quistos flutuantes é mais elevada para a *F. gigantica* do que para a *F. hepatica* **(Dreyfuss e Rondelaud, 1997)**. As metacercárias recém-incrustadas necessitam de pelo menos 24 horas para se tornarem infecciosas **(Boray, 1969)** e, quando engolidas pelo hospedeiro definitivo, as metacercárias excistam no intestino delgado **(Dixon, 1966)**, onde a parede do quisto se dissolve por efeito das enzimas intestinais. Os juvenis recém-encistados (NEJs) penetram na mucosa intestinal e, em seguida, desenvolvem-se em vermes jovens, perfuram a parede do intestino do hospedeiro e migram para a cavidade peritoneal. Após 3-5 dias de deambulação, entram no fígado, causando danos graves ao tecido hepático, ou podem entrar nos canais biliares diretamente a partir do intestino ou através da circulação sanguínea. Tornam-se sexualmente maduros em 2-3 meses **(Soliman, 1996)**.

A produção de ovos aumenta durante as primeiras 4 a 12 semanas após o aparecimento dos ovos nas fezes **(Prasitirat *et al.*, 1996)**, caindo depois para níveis baixos, reduzindo o valor da contagem fecal como indicador do nível de infeção **(Sewell, 1966)**.

Os seres humanos também são infectados pela ingestão de vegetação crua contaminada com metacercárias encistadas **(Garcia, 2001)**.

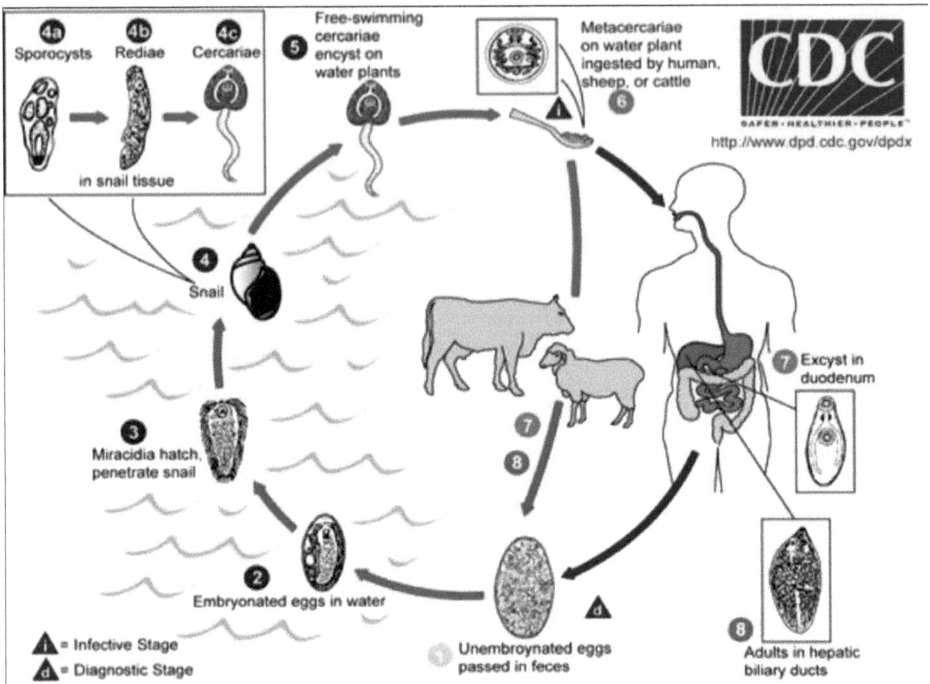

Immature eggs are discharged in the biliary ducts and in the stool ❶. Eggs become embryonated in water ❷, eggs release miracidia ❸, which invade a suitable snail (intermediate host) ❹, including many species of the genus *Lymnaea*. In the snail the parasites undergo several developmental stages (sporocysts 4a, rediae 4b, or cercariae 4c). The cercariae are released from the snail ❺ and encysted as metacercariae on aquatic vegetation or other surfaces. Mammals acquire the infection by eating vegetation containing metacercariae. Humans become infected by ingesting metacercariae-containing freshwater plants, especially watercress ❻. After ingestion, the metacercariae excysted in the duodenum ❼ and migrate through the intestinal wall, the peritoneal cavity, and the liver parenchyma into the biliary ducts, where they develop into adults ❽. In humans, maturation from metacercariae into adult flukes takes approximately 3 to 4 months. The adult flukes (*F. hepatica*: up to 30 mm by 13 mm; *F. gigantica*: up to 75 mm) reside in the large biliary ducts of the mammalian host. *F. hepatica* infects various animal species, mostly herbivores.

4. Patologia

A infeção humana com fasciolíase pode resultar da ingestão de metacercárias encistadas presas à vegetação e plantas aquáticas **(Ragab e Farag, 1978)**. Ingestão de caranguejos ou lagostins crus ou incompletamente cozinhados, ou por transferência acidental do quisto para a boca após a manipulação de vegetais crus, caranguejos ou lagostins durante a preparação de alimentos **(Yokogawa, 1982)**. Beber água contaminada com metacercárias encistadas pode ser outra forma de infeção, por outro lado, consumir pratos de fígado cru preparados a partir de fígados frescos infectados com *F. gigantica* imaturos que conduzem a uma doença aguda e crónica caracterizada por sintomas clínicos como anorexia, febre e perda de peso **(Taira *et al.*, 1997)**.

As larvas metacercárias de *Fasciola* escapam dos quistos no duodeno e não causam danos significativos à medida que migram através da parede do duodeno para a cavidade peritoneal. Quando os vermes jovens em migração atingem o parênquima hepático, causam lesões traumáticas e necróticas devido à forte infiltração de eosinófilos (Eo) **(Arora, 2005)**. As principais alterações patológicas são observadas durante a migração destes jovens vermes através do parênquima hepático antes de entrarem no trato biliar. Digerem o tecido hepático e causam lesões hemorrágicas intensas, reacções inflamatórias e destruição do tecido hepático e inflamação dos canais biliares **(Marsden e Warren, 1984)**. Por outro lado, pode verificar-se um efeito menos patogénico para o fígado quando um pequeno número de vermes atinge o ducto biliar, provocando inflamação e fibrose do ducto biliar **(Smithers e Doenhoff, 1982)**. Quando as larvas atingem o ducto biliar, transformam-se em adultos e causam sintomas gastrointestinais. Alguns doentes desenvolvem colecistite crónica, colangite e colilitíase, que podem ser acompanhadas de cólicas biliares, dor epigástrica, iterícia, náuseas, prurido e dor no quadrante superior direito. Em infecções graves, os vermes jovens podem voltar a penetrar no parênquima hepático, produzindo abcessos. As larvas que migram através da cavidade peritoneal podem ficar alojadas em focos ectópicos, onde se podem desenvolver abcessos ou lesões fibróticas. Estes locais incluem vasos sanguíneos, pulmões, tecido subcutâneo e ventrículos do cérebro **(Arora, 2005)**.

As consequências das lesões hepáticas resultantes da migração dos vermes comprometem a função hepática, o que se reflecte em alterações da concentração de proteínas plasmáticas (albumina e globulina). As alterações dos níveis de enzimas hepáticas libertadas para o sangue em resultado de danos no tecido hepático são utilizadas como monitor do progresso da infeção e como auxiliar de diagnóstico sensível na infeção no terreno **(Gajewska *et al.*, 2005)**. Uma diminuição da hemoglobina, do volume de células compactadas, da contagem total de eritrócitos e o aparecimento de reticulócitos no sangue de búfalos infectados com *F. gigantica* indicam hipotiroidismo **(Ganga *et al.*, 2007)**. A maioria dos doentes com fasciolíase desenvolve uma resposta imunitária mediada por células e anticorpos específicos contra os vermes *da Fasciola*. Esta resposta imunitária humoral específica pode ser seguida pela formação de um complexo imunitário localizado ou circulante (CIC), que pode estar envolvido no mecanismo imunológico da relação entre o hospedeiro e a mosca **(Shaker *et al.*, 1994)**.

A fasciolíase humana é considerada uma ameaça patológica hepática grave para os fígados da população egípcia, onde é diagnosticada a partir de algumas doenças como hepatite aguda, sendo os sintomas iniciais mais frequentes dor de cabeça intensa, arrepios e febre. Um fígado aumentado, sensível ou cirrótico, acompanhado de diarreia e anemia, indica uma infeção avançada **(Keyyu *et al.*, 2006)**.

5. Fasciolíase Quadro clínico

A. Em humanos

O quadro clínico da fasciolíase divide-se geralmente em três formas principais:

1. Fasciolíase aguda: Corresponde à fase migratória dos NEJs no fígado e ocorre dentro de 2-3 meses após a aquisição da infeção. Febre, dor abdominal, dor de cabeça, prurido, urticária, perda de peso e eosinofilia. Os níveis de transaminases estão dentro dos valores normais ou estão apenas minimamente elevados, e os níveis de bilirrubina estão tipicamente dentro dos valores normais **(Patil *et al.*, 2009)**.

2. Fasciolíase crónica: Corresponde à presença de parasitas adultos maduros nos canais biliares no interior do fígado e os sintomas iniciam-se cerca de 1 mês após a exposição às metacercárias, são febre, mal-estar geral, fadiga, hepatomegalia, anorexia, perda de peso, urticária com dermatografismo e eosinofilia no sangue periférico. Os sintomas podem estar ausentes em casos de infeção ligeira. A fase biliar pode ser assintomática ou pode haver sintomas relacionados com colangite e obstrução do trato biliar devido ao aumento da(s) carraça(s). A fase biliar pode durar meses ou anos **(Kanoksil *et al.*, 2006).**

3. Fasciolíase ectópica: Encontra-se em órgãos e tecidos subcutâneos na região abdominal. Também foram encontradas nos pulmões, coração, olhos, cérebro e gânglios linfáticos. Isto deve-se à infeção secundária no fígado por espécies de clostridium que ocorrem em lesões hemorrágicas necróticas produzidas por parasitas jovens que migram dentro do fígado **(Cho *et al.*, 1994)**. Além disso, raramente, uma condição conhecida como "doença negra" ocorre como uma complicação da fasciolíase **(Boray, 1999)**.

B. Em animais

O quadro clínico da fasciolíase divide-se geralmente em três fases principais:

1. Fase pré-hepática: Está associada à menor patologia, mas os ovinos podem apresentar ascite, pneumonia e pleurite fibrosa. Outros sinais incluem edema "mandíbula de garrafa" **(Behm e Sangster, 1999)**.

2. Fase hepática ou parenquimatosa: Está associada a vermes imaturos que se introduzem no fígado. Os sinais clínicos são preferíveis aos da hepatite e incluem sinais referentes a perturbações do metabolismo dos aminoácidos, do equilíbrio dos hidratos de carbono e dos lípidos, da síntese de ureia, do metabolismo de desintoxicação, da cetogénese e da síntese de albumina e glutatião. Os sinais clínicos incluem inapetência, má disposição, dor abdominal, iterícia, anemia, fraqueza, dificuldade respiratória e colapso. A fibrose hepática e a calcificação podem ocorrer como resultado de uma infeção crónica, particularmente em hospedeiros menos permissíveis como os bovinos e os seres humanos **(Behm e Sangster, 1999).**

3. Fase pós-hepática: Está associada ao estabelecimento de vermes adultos nos canais biliares, onde se tornam patentes. Isto ocorre aproximadamente 7 a 8 semanas após a infeção. Uma vez que os vermes se estabelecem no ducto biliar, a resposta inflamatória é reduzida; no entanto, a hipertrofia e a calcificação do ducto biliar não são invulgares em bovinos ou humanos. A presença de um grande número de vermes pode obstruir mecanicamente os canais biliares **(Smyth, 1994; Andrews, 1999; Behm e Sangster, 1999)**. O efeito económico da fasciolíase nos ovinos deve-se à morte súbita dos animais, bem como à redução do ganho de peso e da produção de lã. Nos caprinos e bovinos, a manifestação clínica é semelhante à dos ovinos. No entanto, a resistência adquirida à infeção por *F. hepatica* é bem conhecida em bovinos adultos **(Behm e Sangster, 1999; Boray, 1999)**.

6. Resposta imunitária contra a fasciolíase

Ainda não se sabe se as respostas imunitárias que se desenvolvem nos seres humanos em resposta a infecções por vermes do fígado e do pulmão conferem imunidade protetora contra os parasitas ou NEJs atualmente existentes. Poucos progressos diretos foram feitos no sentido do desenvolvimento de vacinas para os seres humanos; no entanto, foi realizado um grande volume de trabalho para caraterizar certas enzimas partilhadas por estas vermes **(Cox *et al.*, 2005)**. Os seres humanos e os animais experimentais desenvolvem um conjunto complexo de respostas imunitárias humorais e celulares durante o curso da infeção **(Osman *et al.*, 1992; Shaker *et al.*, 1994)**. As respostas imunitárias celulares e humorais foram induzidas no fígado de bovinos e búfalos durante a infeção com *F. gigantica*, provavelmente por antigénios libertados pelos vermes em desenvolvimento e por danos causados pelos vermes durante a sua migração no fígado **(Molina e Skerratt, 2005)**.

A. Mecanismos imunitários na fasciolíase

A maioria dos investigadores que estudaram os mecanismos de imunidade da *Fasciola* utilizaram o rato como animal experimental devido à sua capacidade superior de desenvolver resistência à reinfeção. **Rajasekariah e Howell (1977)** mostraram que ratos previamente infectados resistem a um desafio oral, mas não desenvolvem imunidade a um desafio semelhante administrado por via intraperitoneal (i.p.). Em contrapartida, **Kelly *et al.* (1980)** afirmaram que a resistência adquirida se exprime de forma tão eficaz contra um desafio i.p. como contra um desafio oral. Uma observação recente sugere que podem estar envolvidos pelo menos dois mecanismos distintos. A resistência na barreira intestinal pode ser não específica e independente do timo, enquanto a imunidade adquirida específica actua para além do intestino **(Smithers, 1982)**.

a. Resposta imunitária celular

i. O papel da resposta das células T

Várias linhas de evidência apoiam o papel das células T na imunidade protetora. Em ensaios de vacinas com *F. hepatica,* os títulos de anticorpos não foram geralmente associados à proteção (**Dalton *et al.*, 1996**). A proteção em ensaios de vacinas contra *a F. gigantica* não foi mediada por anticorpos **(Estuningsih *et al.*, 1997)**. A transferência passiva de imunidade protetora exigiu volumes de soro imunitário demasiado grandes para ser consistente com uma proteção de base humoral **(Armour e Dargie, 1974)**. Em contrapartida, as células linfóides demonstraram ser mais eficientes na transferência de imunidade (**Armour e Dargie, 1974; Chapman e Mitchell, 1982b)**. Embora os estudos apoiem um papel para as células T, pouco trabalho foi realizado para caraterizar as respostas específicas das células T na infeção por *F. hepatica*. Uma melhor elucidação da imunidade do hospedeiro é fundamental para o desenvolvimento lógico de vacinas contra *F. hepatica* e trematódeos relacionados. Em trabalhos anteriores, **Shoda *et al.* (1999)** caracterizaram linhas de células Th e clones de células T CD4+ específicos para o antigénio solúvel do verme (SWA) *da F. hepatica*. As linhas de células T helper (Th) co-expressaram as citocinas interleucina-4 (IL-4) e interferão-gama (IFN-y), identificando estas linhas como tendo fenótipos semelhantes aos das células T helper tipo 0 (Th0) sem restrições. Do mesmo modo, a maioria dos clones de células T expressou um perfil de citocinas do tipo Th0; alguns expressaram um perfil do tipo Th2 dominante de IL-4, mas não foram identificados clones com perfil do tipo Th1 dominante de IFN-y. As respostas do tipo Th2 também foram implicadas pela resposta predominante da imunoglobulina G1 (IgG1) aquando da reexposição de bovinos previamente infectados **(Clery *et al.*, 1996; Brown *et al.*, 1999)**. Estas respostas baseadas em IgG1 são consistentes com dados recentes sobre humanos *infectados com Schistosoma*, sugerindo que as respostas Th2 estão inversamente relacionadas com a doença no hospedeiro natural **(Mwatha *et al.*, 1998).**

No estudo da fasciolíase em bovinos, os ensaios de proliferação de linfócitos mostraram uma correlação positiva entre a resposta cumulativa dos linfócitos ao antigénio da fascíola e a carga de fascíola madura. Além disso, a resposta dos anticorpos foi dominada pelo isótipo IgG1. Por último, as culturas de sangue estimuladas com antigénio de vermes adultos não produziram IFN-y, uma citocina do tipo Thl, o que está de acordo com trabalhos anteriores que mostram um baixo nível de transcrições de IFN-y em clones de células Th bovinas *específicas de F. hepatica* **(Brown *et al.*, 1994).** No entanto, em bovinos infectados primariamente, foi registada uma produção precoce de IFN-y **(Clery e Mulcahy, 1998)**, o que sugere uma resposta imunitária diferente em bovinos infectados cronicamente e em bovinos infectados naïve. Recentemente, **Brown *et al.* (1999)** demonstraram que a maior parte dos clones T CD4+ co-expressam IFN-y e IL-4, sublinhando a natureza heterogénea da resposta de citocinas pelas células T $CD4^+$. Pouco se sabe sobre a forma como a taxa de manifestação da infeção afecta o desenvolvimento da resistência.

Durante a migração de *F. hepatica* para o ducto biliar do hospedeiro mamífero, são expressos numerosos antigénios que são potencialmente capazes de induzir uma resposta específica do tipo Th2 **(Reddington *et al.*, 1984)**. De particular interesse são o tegumento e o glicocálix exterior, que são mantidos através da secreção constitutiva de grânulos por células secretoras reguladas pelo desenvolvimento **(Shoda *et al.*, 1999).** A antigenicidade do glicocálix foi demonstrada pela incubação de vermes com soros imunes, o que resultou num extenso revestimento da superfície com Ig, embora a rápida renovação mediada pela secreção de grânulos tenha aparentemente permitido a libertação de anticorpos **(Hanna, 1980)**. Tanto a rápida renovação como a expressão regulada pelo desenvolvimento de células secretoras distintas podem contribuir para a evasão imunitária por parte do parasita **(Tkalcevic *et al.*, 1996)**. Os investigadores concentraram-se nos antigénios do tegumento que são comuns às fases juvenil e adulta do verme como alvos potenciais da resposta imunitária dirigida contra ambas as fases da vida. Uma proteína candidata é a molécula de tioredoxina de 12 kDa *de F. hepatica*, que foi previamente identificada por imunodetecção utilizando soros imunes *de F. hepatica* e que foi caracterizada como estando presente tanto nos NEJ como nas fases adultas do verme **(Richardson, 1994).**

ii. **Eo como célula efectora**

Encontram-se níveis aumentados de eosinófilos na lâmina própria do intestino delgado de ratos com *F. hepatica* durante 3 semanas e há um aumento acentuado da eosinofilia intestinal imediatamente após o desafio (**Doy *et al.*, 1978**). As carraças adultas introduzidas na cavidade peritoneal de ratos imunes mostram uma fixação paliativa de células, na sua maioria Eo, à volta do tegumento no espaço de 1,5 horas, outras Eo degranulam à distância do parasita. No entanto, a destruição do tegumento da carraça parece também ser afetada por neutrófilos e macrófagos **(Bennett *et al.*, 1980)**.

Recentemente, foram descritos alguns aspectos da resposta imunitária contra a *F. hepatica* na cabra, tais como a produção de anticorpos e a resposta proliferativa dos linfócitos aos produtos excretórios/secretórios (E/S) **(Martinez-Moreno *et al.*, 1997)**. Mas a natureza dessas respostas e a sua relação com a patogénese da doença não foram consideradas. Em ovelhas e ratos, há alguns trabalhos que descrevem como os NEJs induzem uma lesão granulomatosa no parênquima hepático, com numerosos macrófagos, linfócitos e Eo **(Chauvin e Boulard, 1995)** . Esta reação depende de respostas mediadas por células contra o parasita, mas não foram efectuados estudos deste tipo na fasciolíase caprina.

Ao utilizar células mononucleares do sangue periférico (PBMNC), os ensaios de proliferação avaliam a resposta imunitária mediada por células envolvida na fasciolíase nas mesmas condições experimentais. **Bossaert *et al.* (2000) prestaram** uma atenção especial ao tipo de células envolvidas na resposta imunitária. As Eo foram registadas como o principal tipo de leucócito que ajuda a combater a infeção parasitária **(Hansen *et al.*, 1999)**. Nos ratos, as Eo podem ter um papel no desenvolvimento da resistência à reinfeção **(Davies e Goose, 1981; Milbourne e Howell, 1990)**. Nos ovinos, as contagens de Eo na pele após uma reação intradérmica a mitogénios parecem estar correlacionadas com o nível de resistência a uma infeção por *Trichostronglus colubriformis* **(Rothwel *et al.*, 1991)**. Foi relatado um possível envolvimento da Eo nos mecanismos de citotoxicidade mediada por células dependentes de anticorpos (ADCC) **(Burden *et al.*, 1983; Van Milligen *et al.*, 1998)** e na reação de hipersensibilidade dependente de IgE **(Doy *et al.*, 1981)**.

In vitro, **Doy e Hughes (1980)** demonstraram que Eo de uma população mista de células peritoneais de rato aderem seletivamente ao tegumento de NEJs *de F. hepatica* na presença de soro de ratos previamente infectados. Um antissoro artificialmente criado para antigénios de vermes mortos não conseguiu induzir a adesão de Eo. Também se demonstrou que os neutrófilos e Eo de bovinos aderiam em grande número a NEJs revestidos com anticorpos de bovinos infectados; a adesão dependia do recetor da fração cristalina (Fc), embora a adesão de Eo fosse mais prolongada do que a dos neutrófilos. Apesar desta interação célula-parasita, não foi possível demonstrar a ocorrência de danos no verme medidos pela libertação de crómio, embora tenha sido posteriormente demonstrado que uma proteína básica importante isolada de Eo de bovinos causava danos e a morte dos NEJ **(Duffus e Frankes, 1980)**.

b. Resposta imunitária humoral

i. Produção de interleucinas e níveis de IgE na fasciolíase aguda e crónica

As células Th1, Th2, B e os macrófagos são todos activados durante a infeção por *Fasciola* **(Osman e Abo El-Nazar, 1999)**. Estas células cooperam para vencer o parasita e trabalham em benefício do hospedeiro. A resposta imunológica é cuidadosamente regulada com a ajuda de uma rede complexa de mediadores imunoreguladores (citocinas) **(Khalil *et al.*, 1999)**.

A interleucina-1 (IL-1) é bem conhecida como uma citocina pró-inflamatória de origem macrofágica/monocitária, segregada pelas células B, bem como por outros tipos de células. Por si só ou em conjunto com outras citocinas, nomeadamente o fator de necrose tumoral (TNF), a IL-6 e a IL-8, constitui um conjunto de eventos sistemáticos que modulam a reação inflamatória. Co-estimula a ativação celular e promove a maturação das células B **(Chensue *et al.*, 1993; Ruth *et al.*, 1996)**. A IL-4 é libertada predominantemente pelas células Th2; tem efeitos importantes em relação à função das células T e, especialmente, das células B. É sobretudo uma citocina anti-inflamatória que provoca uma regulação negativa coordenada da IL-1 e do TNF derivados dos macrófagos. Tem efeitos inibitórios na função dos macrófagos. Proporciona um estímulo potente para a mudança de células B para a produção de anticorpos IgE. Como tal, é importante do ponto de vista clínico em relação a infecções parasitárias nas quais a resposta mediada por anticorpos IgE desempenha um papel importante **(Medhat *et al.*, 1998; Schof *et al.*, 1998)**. A IgE está presente no soro de indivíduos saudáveis em níveis extremamente baixos. O seu nível aumenta em resposta a infecções parasitárias. Foi demonstrado que a indução da síntese de IgE pela infeção parasitária é dependente das células T e que estas células parecem exercer o seu efeito através da produção de factores solúveis que aumentam a produção de IgE pelas células B. Ativa os mastócitos e é importante na defesa contra infecções parasitárias, por exemplo, vermes **(Yamaguchi *et al.*, 1997)**.

B. Resistência à infeção

A suscetibilidade ou resistência relativa do hospedeiro à infeção por *Fasciola spp.* está associada às caraterísticas bioquímicas dos parasitas e à resposta imunitária do hospedeiro durante a fasciolíase **(Spithill *et al.*, 1999b; Meeusen e Piedrafita, 2003)**. Os ovinos são susceptíveis à infeção *por F. hepatica* mas menos susceptíveis à infeção por *F. gigantica* **(Boyce *et al.*, 1987; Roberts *et al.*, 1997)**.

A resistência adquirida a uma infeção secundária *por F. gigantica* após uma infeção primária ou vacinação foi demonstrada em bovinos, caprinos e ovinos **(Haroun e Hillyer, 1986)**. Observa-se uma resistência baixa ou nula em hamsters e ratos e a infeção é altamente patológica tanto na fase aguda como na fase crónica. Em caso de infeção grave, a morte é a sequela habitual **(Smithers e Doenhoff, 1982)**.

Está bem estabelecido que os ovinos não adquirem resistência à *F. hepatica*, tal como determinado pelos rendimentos observados de parasitas adultos após infecções primárias e secundárias com *F. hepatica* **(Haroun e Hillyer, 1986; Boyce *et al.*, 1987)**. Em ovinos europeus, os rendimentos de *F. hepatica* variaram de 16 a 38 % e de 13 a 31 % após infeção primária e secundária, respetivamente, indicando que a resistência a *F. hepatica* não se desenvolve nestas raças de ovinos **(Boyce *et al.*, 1987)**. Em contrapartida, foi observada resistência adquirida à *F. gigantica* em ovinos. **Flynn *et al.* (2007)** referiram que a infeção com *F. hepatica* resulta na polarização da resposta imunitária do hospedeiro e na geração de respostas imunitárias Th2, que são conhecidas por serem inibidoras das respostas Th1.

Os búfalos eram altamente susceptíveis à infeção por *F. gigantica*, e esta suscetibilidade poderia estar associada à resposta imunitária celular tardia e fraca na fase inicial da infeção **(Zhang *et al.*, 2006)**. Verificou-se uma tendência para títulos IgG2 específicos do parasita mais elevados em ovinos infectados com cargas mais baixas de vermes, sugerindo que cargas mais elevadas *de F. gigantica* ou *F. hepatica* suprimem as respostas IgG2. Os resultados deste estudo sugerem que, no início da infeção num hospedeiro permissivo, *a F. hepatica* parece ser mais patogénica do que *a F. gigantica* devido ao seu rápido aumento de tamanho e à velocidade da sua progressão através das fases migratórias do seu ciclo de vida **(Raadsma *et al.*, 2007)**. **Cervi *et al.* (1999)** referiram que o antigénio E/S da *F. hepatica* está envolvido nos fenómenos de supressão das respostas imunitárias celulares em ratos.

A maioria dos investigadores que estudam o mecanismo de imunidade à *Fasciola* utilizaram o rato como animal experimental devido à sua capacidade superior de desenvolver resistência à reinfeção.

Smithers (1982) sugeriu que a resistência na barreira intestinal pode ser inespecífica e independente do timo, enquanto a imunidade específica adquirida actua para além do intestino. **Armour e Deargie (1974)** observaram que, quando níveis elevados de imunidade são transferidos com soro, os vermes do desafio parecem ser destruídos antes de entrarem no fígado. Por outro lado, um nível semelhante de proteção contra um desafio após a transferência adotiva de células é invariavelmente acompanhado por lesões hepáticas marcadas associadas a infiltrados celulares e parasitas imaturos mortos.

Bossaert *et al.* (2000) prestaram especial atenção ao tipo de células envolvidas na resposta imunitária. As Eo foram registadas como o principal tipo de leucócito que ajuda a combater a infeção parasitária **(Butterworth, 1977)**. A resposta imunitária celular à infeção por *F. hepatica* em diferentes espécies animais tem sido amplamente estudada. Em especial, nos ovinos *infectados com F. hepatica*, surge uma proliferação transitória significativa *in vitro* de PBMNCs estimulados por antigénios do parasita durante as primeiras semanas de infeção **(Chauvin *et al.*, 1995; Moreau *et al.*, 1998; Mulcahy *et al.*, 1999).** A proliferação de PBMNCs induzida por produtos de E/S *de F. gigantica* aumentou a partir da 2ª semana de infeção, com um pico às 5 semanas de infeção **(Zhang *et al.*, 2006)**. As contagens de Eo no sangue periférico aumentaram como descrito anteriormente em ovinos infectados com *F. hepatica* e *F. gigantica* **(Chauvin *et al.*, 1995; Hansen *et al.*, 1999; Zhang *et al.*, 2005)**. Os números de Eo aumentaram significativamente a partir das 3 semanas de PI em búfalos *infectados com F. gigantica* e apresentaram um pico às 8 semanas de PI **(Zhang *et al.*, 2006)**.

Também se demonstrou que os neutrófilos e as Eo de bovinos aderem em grande número a NEJs revestidos com anticorpos de bovinos infectados **(Duffus e Frankes, 1980)**. O número total de células mononucleares hepáticas aumentou significativamente após a infeção, mas a proporção de células Natural killer (NK) não se alterou. Após a infeção, estas células foram encontradas à volta do espaço portal, à volta da veia centrolobular, na fibrose periportal e na banda de colagénio. No entanto, não foram detectadas células NK dentro ou à volta do granuloma durante a infeção **(Tliba *et al.*, 2002)**.

A imunidade mediada por células a antigénios *de F. hepatica* em bovinos é investigada através do estabelecimento da proliferação de linfócitos e de testes para a determinação quantitativa da produção de IL2 **(Oldham e William, 1985)**. Foram descritos alguns aspectos da resposta imunitária contra a *F. hepatica* na cabra, como a produção de anticorpos e a resposta proliferativa de linfócitos a produtos de E/S **(Martinez-Moreno *et al.*, 1997)**. Em ovinos e ratos, existem vários dados que descrevem como os NEJs induzem uma lesão granulomatosa no parênquima hepático, dependendo da resposta mediada por células contra o parasita com numerosos macrófagos, linfócitos e Eo **(Chauvin e Boulard, 1996)**.

Os linfócitos do sangue periférico de bovinos isolados 2-5 semanas após a infeção apresentam uma forte resposta proliferativa após co-cultura com antigénio específico de *F. hepatica*, embora esta resposta seja transitória e os linfócitos percam gradualmente a capacidade de responder aos antigénios *de F. hepatica* à medida que a infeção amadurece **(Clery e Mulcahy, 1998; McCole *et al.*, 1999)**. No entanto, a resposta celular local pode nem sempre refletir a encontrada na periferia: em ratinhos e ratos, verificou-se que tanto a especificidade como o isótipo dos anticorpos **(Meeusen e Brandon, 1994)**, juntamente com os perfis de citocinas dos PBMNCs **(Tliba *et al.*, 2002)**, diferem nos diferentes compartimentos corporais e imunitários examinados.

Waldvogel *et al.* (2004) investigaram a expressão do ácido ribonucleico mensageiro (mRNA) de IL-4 e IFN-y específico de *F. hepatica* em PBMNCs de vitelos infectados experimentalmente com *F. hepatica*. As células foram recolhidas antes da infeção e nos dias 10, 28 e 70 PI. Curiosamente, os PBMNCs responderam à estimulação com produtos de E/S *de F. hepatica* e expressaram quantidades elevadas de mRNA de IL-4, mas não de IFN-y, sugerindo que *a F. hepatica* induziu uma resposta imune inicial com tendência Th2 que não se restringiu ao local da infeção. Mais tarde, durante a infeção, a expressão do ARNm de IL-4 diminuiu, enquanto a expressão do ARNm de IFN-y aumentou ligeiramente.

In vitro, está estabelecido que a produção de citocinas dos monócitos de doentes com fasciolíase aguda ou crónica está aumentada **(Khalil *et al.*, 1999)**. A IL-8 e a IL-6 são produzidas em quantidades mais elevadas nos monócitos de doentes com fasciolíase aguda em comparação com os controlos saudáveis. A produção destes linfócitos é reduzida durante a fase crónica da doença em comparação com a fase aguda da doença.

A produção de IL-1 a partir de fagócitos mononucleares, de IL-4 a partir de linfócitos Th2 e o nível de IgE são medidos em doentes com fasciolíase durante a fase aguda e crónica da doença e após o tratamento com triclabendazol (TCBZ) **(Allam *et al.*, 2000)**. Os níveis de IL-1 e IL-4 diminuem significativamente e o nível de IgE aumenta tanto na fase aguda como na fase crónica da fasciolíase. Após o tratamento com o medicamento, os valores das citocinas voltam ao controlo.

Osman *et al.* (1989) referiram que os anticorpos, as células T citotóxicas, os macrófagos activados, as células NK e muitas outras células, os mediadores da ADCC e os moduladores do sistema imunitário, como as citocinas, estão envolvidos nos mecanismos imunitários, que são eficazes contra os parasitas.

Clery e Mulcahy (1998) estabeleceram uma estimulação precoce da produção de IFN-y nos linfócitos periféricos de bovinos infectados com *F. hepatica.* [th]Outros também estabeleceram que o nível de IFN-y só aumentou durante as primeiras 2 semanas após a *infeção por F. hepatica* em ovinos, a IL-10 é segregada principalmente durante as primeiras 6 semanas após a infeção e os monócitos foram inibidos até às 35 semanas após a infeção **(Moreau *et al.*, 1998)**.

7. Prevenção e controlo

O controlo adequado da fasciolíase é mais ou menos um problema, uma vez que exige o controlo do(s) hospedeiro(s) intermediário(s) dos caracóis e o controlo da infeção em todos os animais e seres humanos afectados. O tratamento da fasciolíase é a pedra angular da prevenção, mas no ser humano nem sempre tem sido ótimo **(Savioli *et al.*, 1999)**.

7.1 Quimioterapia

O tratamento é possível com o bionol; embora não seja totalmente satisfatório, há muito que é recomendado como tratamento para a fasciolíase, numa dose de 30 mg/kg de peso corporal por dia durante 5 dias. O TCBZ é o medicamento de eleição para tratar casos humanos de fasciolíase. Trata-se de um composto de benzimidazol, que tem sido utilizado na prática veterinária desde 1983 para tratar a doença. O primeiro caso da sua utilização em seres humanos foi durante a epidemia de fasciolíase de 1989 no Norte da República Islâmica do Irão, perto do Mar Cáspio, quando as autoridades sanitárias aprovaram a utilização de formulações veterinárias para tratar o problema. O TCBZ (Egaten), que é administrado numa dose oral única de 10 mg/kg de peso corporal, está disponível sob a forma de comprimidos de 250 mg e é eficaz contra os vermes adultos e imaturos, que migram através do parênquima hepático. O Praziquantel, o medicamento de eleição para o tratamento de todas as infecções humanas por trematodes de origem alimentar, é ineficaz contra a fasciolíase **(Savioli *et al.*, 1999)**.

O Mirazid (Cammiphora molmol ou Mirra) foi considerado um medicamento seguro e muito eficaz de origem natural na fasciolíase ovina na província de Gharbiya, no Egito **(Haridy *et al.*, 2003)**. No entanto, o debate sobre o verdadeiro efeito antiparasitário deste medicamento ainda não foi resolvido.

7.2 Educação para a saúde

A educação sanitária ministrada de uma forma culturalmente apropriada e social é uma base para a prevenção e o controlo de infecções e doenças parasitárias como a fasciolíase **(OMS, 2004)**.

Deverá ser dada atenção aos seguintes temas educativos:

i. A fasciolíase é uma doença que persiste através de um ciclo de vida que envolve caracóis de água doce, plantas de água doce com as quais os seres humanos entram em contacto.

ii. Os seres humanos são infectados quando o parasita é ingerido durante refeições que envolvem plantas cruas ou não cozinhadas.

iii. Os animais domésticos e selvagens são igualmente susceptíveis de infeção como os seres humanos.

iv. A infeção conduz a doenças do fígado e do sistema biliar.

v. O risco de infeção é reduzido se as plantas de água doce forem corretamente lavadas ou cobertas antes de serem consumidas.

vi. O risco de infeção é reduzido se for evitada a prática de juntar fezes humanas e animais.

vii. As pessoas que sabem ou suspeitam que estão infectadas com fasciolíase devem procurar tratamento no centro de cuidados de saúde primários mais próximo.

Estas mensagens podem ser divulgadas através das escolas, das organizações comunitárias e de todos os meios de comunicação social (rádio, televisão, jornais e cinema). Espera-se que uma educação sanitária forte contribua de forma significativa, mas lenta, para a prevenção e o controlo da infeção por fasciolíase **(OMS, 2004)**.

Um bom saneamento e uma boa higiene são fundamentais para quebrar o ciclo de vida da fasciolíase. Deve-se evitar defecar ou urinar em águas abertas ou perto delas, para que os caracóis tenham menos hipóteses de serem infectados. Devem ser construídas latrinas ou casas de banho e as crianças devem ser ensinadas a usá-las. Deve haver uma fonte fiável de água perto da estrutura sanitária. A água é utilizada para lavar as mãos e para limpar a estrutura e, possivelmente, para a descarga ou para a limpeza anal. A água não tem de ser de alta qualidade, uma vez que não é utilizada para beber. A estrutura sanitária tem de ser adaptada ao comportamento local, às crenças tradicionais e às necessidades da população. Além disso, o saneamento tem de ser acessível aos utilizadores e adequado às capacidades e restrições institucionais locais. As pessoas só utilizarão as estruturas sanitárias se não perderem muito tempo nelas. Isto consegue-se dispondo de um número suficiente de latrinas e colocando-as perto dos utilizadores **(OMS, 1997)**.

7.3 Controlo ambiental

7.3.1. Melhoria das redes de irrigação e de drenagem

A rega perene desempenha um papel importante na disseminação de doenças mediadas por caracóis. As medidas para aumentar a velocidade da água e para prolongar os períodos de seca são favoráveis para o controlo dos caracóis **(Ragab *et al.*, 2002)**.

7.3.2. Desenvolvimento de práticas agrícolas

A recuperação de terrenos pantanosos através de drenagem e enchimento eliminará os locais de reprodução dos caracóis.

A seleção de culturas e a rotação de culturas podem desempenhar um papel importante no programa de controlo. As necessidades de água e os métodos de cultivo podem contribuir para aumentar a disseminação dos caracóis e da doença, por exemplo, os métodos tradicionais de cultivo do arroz **(TBRI e Projeto de Investigação do PNUA, 19851987)**.

7.3.3. Desenvolvimento de práticas de aquacultura

As boas práticas de aquacultura são aquelas adoptadas pelos piscicultores que estão de acordo com os requisitos para a produção de peixe seguro e de qualidade. As práticas de higiene são requisitos essenciais, contra a transmissão da fasciolíase, para práticas e produção seguras de aquacultura **(OMS, 2004)**.

7.3.4. Limpeza da vegetação aquática

As macrófitas aquáticas fornecem ao caracol alimento, abrigo e locais para a oviposição; também reduzem a corrente, tornando o habitat mais adequado para a vida e reprodução dos caracóis **(Yousif *et al.*, 1998a&b; 1999)**. O controlo das ervas daninhas é feito por meios mecânicos ou químicos. A remoção das ervas daninhas aquáticas dos canais é um fator importante para o controlo dos caracóis, sendo um método eficiente, barato e prático que não necessita de esforços técnicos na sua execução **(Abdel Kader *et al.*, 2005; Mostafa *et al.*, 2005)**.

7.3.5. Introdução de barreiras e ecrãs

O objetivo é evitar o afluxo de caracóis e de ovos de caracóis a sistemas de irrigação recentemente estabelecidos, ou a sistemas livres de caracóis, como terras recentemente recuperadas **(Abdel Kader *et al.*, 2005)**.

7.3.6. Controlo de caracóis

Para se conseguir controlar os caracóis, é fundamental um bom conhecimento da ecologia dos hospedeiros intermediários dos caracóis. **Laursen *et al.* (1989)** relataram que foram recolhidos dados aquáticos de vários habitats de zonas húmidas e utilizados para determinar a distribuição, a preferência ambiental e as relações parasita-hospedeiro intermediário dos caracóis lymnae encontrados na área de estudo.

A humidade e a temperatura foram consideradas como factores importantes que afectam a infecciosidade de *F. hepatica* no seu hospedeiro molusco. O aumento da sensibilidade dos caracóis ao pH poderia ser explicado por uma libertação de enzimas do parasita mediada por danos, porque a infecciosidade foi mais elevada no pH associado à menor morbilidade do hospedeiro **(Cruz-Mendoza *et al.*, 2006)**.

No entanto, cada *lymnaeid spp. parece* ter requisitos mais específicos como água ligeiramente ácida, lama profunda ou pouco profunda **(Abdel Kader *et al.*, 2005)**.

8. Tratamento da fasciolíase

Têm sido utilizados vários medicamentos para controlar a fasciolíase nos animais. Os medicamentos diferem em termos de eficácia, modo de ação, preço e viabilidade. Os fasciolicidas (medicamentos contra *Fasciola spp.)* dividem-se em cinco grupos químicos principais:

Fenóis halogenados: bitionol (Bitin), hexaclorofeno (Bilevon) e nitroxinil (Trodax). **Salicilanilidas:** closantel (Flukiver, Supaverm) e rafoxanida (Flukanide, Ranizole).

Benzimidazóis: triclabendazol (Fasinex), albendazol (Vermitan, Valbazen), mebendazol (Telmin) e luxabendazol (Fluxacur).

Sulfonamidas: clorsulon (Ivomec Plus).

Fenoxialcanos: diamfenetide (Coriban).

A TCBZ é considerada o medicamento mais comum devido à sua elevada eficácia contra os vermes adultos e os vermes NEJ. É utilizado no controlo da fasciolíase do gado em muitos países. No entanto, a utilização veterinária prolongada de TCBZ provocou o aparecimento de resistência à *F. hepatica* nos ovinos **(Overend e Bowen, 1995).**

O custo do tratamento com TCBZ impede a sua ampla adoção pelos produtores rurais nos países em desenvolvimento. Os cientistas começaram a trabalhar no desenvolvimento de um novo medicamento. Recentemente, um novo fasciolicida foi testado com êxito em bovinos infectados natural e experimentalmente no México. Este novo medicamento chama-se composto Alfa e é quimicamente muito próximo do TCBZ **(Ibarra *et al.*, 2004).**

O tratamento é demasiado tardio para diminuir ou evitar os efeitos secundários da infeção, além de que a utilização extensiva destes medicamentos aumenta o risco de desenvolvimento de resistência aos mesmos. Por isso, o diagnóstico é muito importante, especialmente numa fase precoce, para controlar o efeito e a propagação da infeção.

9. Antigénios *da Fasciola*

Uma variedade de antigénios é segregada e excretada por parasitas presentes no sangue, fezes, urina e outros fluidos do hospedeiro infetado. Estes antigénios têm potencial para serem utilizados no imunodiagnóstico e no desenvolvimento de vacinas **(Abdel-Rahman *et al.*, 1999)**. As espécies de *Fasciola* libertam diferentes componentes antigénicos em diferentes fases do seu desenvolvimento em hospedeiros mamíferos **(Dalton *et al.*, 1985; Santiago *et al.*, 1986)**.

a. Proteases

A capacidade dos vermes de segregar enzimas proteolíticas é fundamental para a sua sobrevivência no hospedeiro definitivo, facilitando a migração e a utilização do tecido do hospedeiro como nutriente e a clivagem de Igs do hospedeiro **(Mulcahy e Dalton, 1998)**. Um componente importante das enzimas segregadas por *F. gigantica* consiste em cisteína proteases (CP), das quais foram caracterizadas duas formas principais, catepsina L1 (CL1) e catepsina L2 (CL2) **(Fagbemi e Hillyer, 1991&1992; Smith *et al.*, 1993; Dowd *et al.*, 1994)**.

As células do intestino da carraça produzem estas enzimas, que são homólogas às enzimas lisossomais dos mamíferos, as proteinases CL1 e CL2, que actuam no intestino para decompor o sangue ingerido e outros tecidos, sendo também regurgitadas pelas carraças. Foi demonstrado que a CL1 cliva Igs na região da dobradiça e impede a ligação mediada por anticorpos de Eo aos vermes NEJ **(Carmona *et al.*, 1993; Smith *et al.*, 1993)**. As CL1 e CL2 dos vermes podem também clivar o colagénio do hospedeiro e outras proteínas da matriz extracelular **(Beresain *et al.*, 1997)**. Vários relatórios demonstraram que as proteases dos parasitas podem ser úteis como vacina protetora **(Knox, 1994)**. Descobriu-se que as proteases segregadas eram capazes de clivar Ig, uma descoberta que reforçou o caso de se visar estas proteases como potenciais antigénios vacinais para controlar a infeção por *F. gigantica* **(Chapman e Mitchell, 1982a). Yamasaki e Aoki (1993), Heussler e Dobbelaere (1994) e Wijffels *et al.* (1994a)** revelaram que as proteases secretadas de adultos são da classe CL.

Demonstrou-se que a CL de *Fasciola,* formulada com adjuvante de Freund, protege os bovinos contra *F. gigantica* **(Dalton *et al.*, 1996)** e induz uma redução elevada (>70%) na produção de ovos pelos parasitas em ovinos vacinados **(Wijffels *et al.*, 1994b)** e bovinos **(Dalton *et al.*, 1996).** Estes resultados sugerem um papel crítico para o adjuvante de Freund na eficácia da vacina utilizando CL que pode estar relacionado com a indução de um determinado braço das respostas imunitárias.

b. Hemoglobina

Uma outra molécula isolada da secreção *de F. gigantica* foi denominada hemoglobina de fluke (FHb), porque contém um grupo hem e é provável que funcione no transporte de oxigénio e demonstrou ter um aspeto de absorção semelhante ao da hemoglobina **(McGonigle e Dalton, 1995).** *Em F. gigantica,* foi isolada e caracterizada uma proteína contendo bainha a partir do material de E/S de um adulto. Esta proteína tem um peso molecular aparente (Mw) superior a 200 kDa. Esta molécula, utilizada em combinação com CL1 ou CL2, parece também ser um antigénio vacinal útil. A CL2 e a FHb, por exemplo, produziram reduções de 72% na carga de pulgas quando administradas a bovinos no adjuvante de Freund. É importante notar que esta combinação também resultou numa diminuição de 98% da fecundidade, talvez devido a uma redução do fornecimento de oxigénio pela hemoproteína. A produção de casca de ovo requer metabolismo oxidativo **(Bjorkman e Thorsell, 1963).**

c. Antigénios tegumentares (AT)

O tegumento da *F. hepatica* constitui a interface na qual o sistema imunitário do hospedeiro interage com o parasita. A sua estrutura foi determinada por microscopia como sendo um sincício formado pela fusão de células tegumentares especializadas localizadas por baixo das camadas musculares longitudinais e laterais **(Bennett e Threadgold, 1975)**. Especula-se que a expressão de proteínas no tegumento regula e desempenha um papel importante na defesa da carraça contra o sistema imunitário do hospedeiro **(Bennett *et al.*, 1980)**.

Encontram-se três tipos de células nucleadas na camada nucleada do tegumento, que estão activas durante as várias fases de desenvolvimento da carraça no hospedeiro mamífero **(Hanna, 1980)**.

Inicialmente, são produzidos corpos do tipo o (To), mas durante a fase migratória, são os primeiros a tornar-se activos e apenas no interior das metacercárias e na fase de NEJs. Estas células são conhecidas por produzirem grânulos que são depois libertados na superfície apical da carraça NEJs, permitindo a renovação contínua do tegumento exterior em resposta à fixação de anticorpos do hospedeiro **(Hanna, 1980)** e há uma mudança para corpos de tipo 1 (T1) e, ao atingir o ducto biliar, os corpos de tipo 2 (T2) tornam-se predominantes **(Bennett e Threadgold, 1975)**.

d. Antigénios somáticos

Os antigénios somáticos foram fraccionados por cromatografia em coluna para o diagnóstico da fasciolíase humana. Os extractos somáticos de *F. hepatica* adulta têm sido utilizados tanto como vacina para induzir resistência ao desafio como para monitorizar a resposta imunitária do hospedeiro à infeção. **Sinclair e Joyner (1974)** registaram uma diminuição de 54% na carga de fasciolose após um desafio com o extrato de vermes, em comparação com coelhos de controlo não tratados.

A resposta humoral a antigénios somáticos de adultos também foi examinada através da marcação indireta com anticorpos fluorescentes de secções de NEJs e de vermes adultos em meio plástico. As estimativas dos níveis de anticorpos IgG e IgA específicos no soro e na bílis foram determinadas durante o curso da infeção **(Hughes *et al.*, 1981)**.

A resposta imunitária dos ovinos aos componentes somáticos da *F. hepatica* adulta foi estudada durante uma infeção experimental. Foram detectados anticorpos contra antigénios somáticos de vermes adultos por imunoensaio em camada fina a partir das 2nd semanas de PI. Do mesmo modo, os resultados da análise de western blotting (WB) mostraram um reconhecimento específico de vários componentes logo às 2 semanas de infeção. No entanto, foi observado um aumento do número e da intensidade das bandas com o tempo de infeção nos padrões de reconhecimento antigénico de componentes de 20-23 kDa na preparação somática de *F. hepatica,* especialmente visível após as 6th semanas de infeção. Uma vez que estes polipéptidos foram reconhecidos por todos os animais infectados, poderiam desempenhar um papel importante no diagnóstico da fasciolíase ovina **(Ruiz-Navarrete *et al.*, 1993)**. Os antigénios somáticos de *F. gigantica, G. explanatum, S. spindale* e ingredientes de quistos *hidáticos* foram analisados para identificar os antigénios de reação cruzada entre eles utilizando a técnica WB **(Yokananth *et al.*, 2005)**.

e. Antigénios excretores/secretores (E/S)

Foram identificados vários antigénios de *F. gigantica* com potencial de imunodiagnóstico em preparações de vermes e dos seus produtos de E/S. Estes antigénios de E/S são provavelmente compostos por moléculas libertadas pela renovação contínua do glicocálix que reveste a membrana da superfície do tegumento, bem como por algumas enzimas libertadas do ceco. Estes antigénios de E/S são provavelmente compostos por moléculas libertadas da renovação contínua do glicocálix que reveste a membrana da superfície do tegumento, bem como por algumas enzimas libertadas do ceco. Os antigénios E/S contêm várias enzimas como a glutationa-S-transferase (GST), CP e CL **(Espino e Finaly, 1994)**. Verificou-se que a CP de *F. hepatica* é um candidato muito importante para um antigénio de vacina devido ao seu papel na biologia da fascíola e na relação hospedeiro-parasita **(Wedrychowicz *et al.*, 2007)**.

A subproteómica foi utilizada para comparar os produtos de E/S produzidos por *F. hepatica* adulta *in vivo,* na bílis do hospedeiro ovino, com os métodos clássicos de E/S de exaustão *in vitro*. Apenas as proteases CL de *F. hepatica* foram identificadas nas nossas preparações de bílis do hospedeiro ovino. Foram também identificadas várias proteínas do hospedeiro, incluindo a albumina e a enolase, tendo o complexo inibidor da tripsina do hospedeiro sido identificado como um potencial biomarcador da infeção por *F. hepatica*. A análise *in vitro ao* longo do tempo confirmou que as proteases CL são os principais constituintes do proteoma de E/S *in vitro*. Além disso, as proteínas de desintoxicação, a actina e as enzimas glicolíticas enolase e gliceraldeído-3-fosfato desidrogenase foram todas identificadas *in vitro*. O WB de proteínas de E/S *in vitro* e *in vivo* mostrou que apenas as proteases CL foram reconhecidas pelo soro agrupado de animais *infectados com F. hepatica*. Outras proteínas da fascíola hepática libertadas durante a cultura *in vitro* podem ser libertadas no ambiente biliar do hospedeiro através da libertação natural do tegumento da fascíola adulta. Estas proteínas podem não ter sido detectadas durante a nossa análise *in vivo* devido a um aumento da taxa de renovação da bílis e podem não ser reconhecidas por soros combinados de infeção por vermes do fígado, uma vez que só são produzidas em adultos. Este estudo realça as dificuldades de identificação de proteínas E/S autênticas ex host, e confirma ainda mais o potencial das proteases CL como candidatas a terapia **(Morphew *et al.*, 2007)**.

Serradell *et al.* (2007) observaram que os produtos de E/S induziam uma apoptose precoce da Eo peritoneal do rato e que este fenómeno era dependente do tempo e da concentração. Além disso, a ativação de proteínas tirosina-quinases (TyrK) e caspases foi necessária para mediar a apoptose de Eo induzida pelos produtos E/S, e que os componentes de hidratos de carbono presentes nestes antigénios estavam envolvidos neste efeito. Eles descreveram pela primeira vez a capacidade dos produtos de E/S de *F. hepatica* de modificar a viabilidade de Eo por indução de apoptose. Além disso, observámos apoptose de Eo no fígado de ratos 21 dias após a infeção por *F. hepatica*. A diminuição da sobrevivência de Eo no início da infeção pode ser uma estratégia do parasita para evitar uma resposta imunitária do hospedeiro. Os produtos de E/S podem não só ter um papel importante na indução de imunidade protetora, mas também conter antigénios úteis para o imunodiagnóstico da fasciolíase **(EL-Kerdany *et al.*, 2002)**. Vários grupos de investigadores descobriram que os antigénios de E/S podem formar complexos imunes com anticorpos do hospedeiro contra a infeção por *Fasciola* **(Solano *et al.*, 1991)**. Os produtos de E/S libertados por helmintas demonstraram amplas propriedades imunomoduladoras, tais como a indução de apoptose celular **(Serradell *et al.*, 2007)**.

Os produtos E/S foram utilizados no exame das respostas imunitárias humoral e celular a *F. hepatica* **(Martinez-Moreno *et al.*, 1997)**. Os resultados indicaram que a resposta imunitária humoral e celular à *F. hepatica* não tem qualquer efeito protetor sobre o estabelecimento de vermes e o desenvolvimento da doença em infecções primárias ou secundárias. Os componentes antigénicos dos produtos E/S de vermes adultos de *F. hepatica* foram revelados por eletroforese em gel de poliacrilamida com dodecil sulfato de sódio (SDS-PAGE) e análise WB utilizando soros de doentes infectados com *F. hepatica* **(Sampio-Silva *et al.*, 1996)**. O estudo sugere que os produtos E/S podem ser sensíveis e específicos para o diagnóstico da fasciolíase humana **(Maleewong *et al.*, 1997)**.

Ortiz *et al.* (2000) utilizaram antigénios E/S, somáticos e de superfície de *F. hepatica* adulta para a determinação da resposta de anticorpos em gado leiteiro naturalmente infetado com *F. hepatica*. Relataram que foram desenvolvidas respostas de anticorpos contra 60-66 kDa nos antigénios E/S e de superfície e 17 kDa no antigénio somático. **Qureschi *et al.* (1995)** utilizaram antigénios E/S e referiram que, com aproximadamente 15 kDa, os antigénios E/S *de F. hepatica* podem ser utilizados para o diagnóstico específico da espécie em bovinos. **Hillyer e Soler De Galanes (1991)** obtiveram soros de pacientes humanos, vitelos, ovelhas e coelhos infectados com *F. hepatica* e testaram as técnicas de WB com antigénios E/S *de F. hepatica* para avaliar o seu potencial imunodiagnóstico. Os investigadores referiram que as amostras de soro de seres humanos, coelhos, bovinos e ovinos infectados com fasciolíase reconheceram dois polipéptidos antigénicos de 17 e 63 kDa sob a forma de bandas nítidas.

Os antigénios E/S de *Fasciola spp.* ou os seus componentes parcialmente purificados são as fontes mais comuns de antigénios para utilização em métodos ELISA e os anticorpos para estes antigénios podem ser detectados logo às 2 semanas e as concentrações máximas são atingidas às 8-10 semanas de **PI (Fagbemi e Guobadia, 1995)**.

A avaliação da eficácia do antigénio E/S por ELISA **(Osman *et al.*, 1995)** revelou que a preparação em bruto tinha uma sensibilidade de 100%. 94% de especificidade e 98% de precisão a um nível de corte de 0,3 em casos agudos e resultados positivos em 77% dos casos crónicos. Foi registada reatividade cruzada com *Schistosoma* (*S.*) e *Toxoplasma*. Assim, a E/S é recomendada para o diagnóstico de fasciolíase em casos agudos. No entanto, os baixos resultados positivos nos casos crónicos podem limitar a sua aplicação na investigação de rotina, devido à reação cruzada com soros de outros parasitas.

O antigénio E/S de *F. gigantica* foi testado por ELISA contra soros de casos de fasciolíase, esquistossomose e hidatidose para determinar a sua sensibilidade e especificidade na deteção de anticorpos IgG específicos **(Ortiz *et al.*, 2000)**. Verificou-se que a sensibilidade do antigénio E/S atingia 100% e a especificidade do E/S era de 89,47% e 86,8% para IgG e IgM, respetivamente **(Mousa, 1994)**. Os bovinos naturalmente expostos a *F. hepatica,* em Cajamarac, Peru, desenvolvem uma resposta IgG significativa ao antigénio E/S deste parasita **(Ortiz *et al.*, 2000)**.

Foram investigados os produtos de E/S de *F. hepatica* adultos libertados durante o curso da infeção. **Cuperlovic e Movsesijan (1972)**, utilizando um teste de anticorpos fluorescentes, verificaram que o conteúdo cecal dos vermes adultos apresentava a fluorescência específica mais forte durante a infeção. A marcação fluorescente também ocorreu nas células epiteliais que revestem o útero e os canais excretores, bem como nas células espermatogénicas. **Ericksen e Flagsted (1974)** propuseram que a resistência do hospedeiro induzida pela implantação subcutânea (s.c.) de vermes adultos poderia ser dirigida contra os produtos metabólicos ou de E/S da cochonilha. A descoberta de **Goose (1978)**, em que se verificou que os produtos de E/S dos adultos eram tóxicos para os linfócitos de ratos infectados, sugeriu que alguns produtos do parasita libertavam muitos serviços para proteger o parasita. Os produtos de E/S serviram como imunogénios eficazes quando os vermes maduros, contidos em câmaras de difusão, foram implantados i.p. ou s.c. em ratos. A resistência foi importada por estes vermes implantados, quer estivessem presentes na altura do desafio, quer tivessem sido removidos 2 semanas antes **(Haroun *et al.*, 1980)**.

f. Paramiosina (Pmy)

Proteína estrutural fibrilar, a-helicoidal e coiled-coil de aproximadamente 100 kDa no músculo e em alguns casos no tegumento, no entanto alguns autores demonstraram a existência de isoformas extra musculares em estádios larvares de *S. japonica* **(Cancela *et al.*, 2004)**. Está amplamente distribuída entre os invertebrados mas ausente nos vertebrados. Além disso, é considerado como antigénio imunodominante durante a infeção causada por diferentes vermes chatos, tais como *S. mansoni, Echinococcus granulosus, Taenia solium (T. solium)* e *F. gigantica* **(Lopez-Moreno *et al.*, 2003)**.

A Pmy também tem sido utilizada como candidata a vacina contra diferentes doenças parasitárias, tendo sido alcançados diferentes níveis de resposta e proteção em animais **(Cancela *et al.*, 2004)**. Para além disso, a Pmy de *T. solium* inibe a via clássica do complemento através da inibição da função C1 **(Vazquez-Talavera *et al.*, 2001b)**. A resposta imunitária à Pmy induz o tipo Th2 **(Jiz *et al.*, 2008)**. Estes resultados sugerem uma regra multifuncional para a Pmy, não só como componente estrutural do aparelho contrátil, mas também como uma molécula capaz de interagir com o sistema imunitário do hospedeiro de forma a ajudar à sobrevivência do parasita **(Cancela *et al.*, 2004)**.

O mapeamento de epítopos de células T e B humanas para a Pmy de *T. solium* foi estudado para identificar a região imunologicamente relevante da Pmy como uma proteína protetora. Um outro estudo, no qual a caraterização e o potencial protetor da resposta imunitária à Pmy *de T. solium* foram estudados para conferir uma proteção contra o modelo murino de cisticercose **(Vazquez-Talavera *et al.*, 2001a)**.

Akira fujinami foi o primeiro a conseguir demonstrar imunidade completa à infeção por *S. japonicum* num cavalo que tinha sido previamente exposto à infeção numa vala de irrigação do distrito de Katayama **(Kojima, 2004)**. A esquistossomose e a sua correlação com a resistência e a fibrose em doentes infectados com *S. japonicum*, quando tratados com Pmy como candidata a vacina, verificou-se que iniciava a produção de resposta IgG3 e IgA para proteger o doente da esquistossomose **(Nara *et al.*, 2007)**. Além disso, testou-se que o ácido dioxirribonúclico (cDNA) complementar completo que codifica a Pmy confere proteção contra *S. japonicum* através da mediação da citotoxicidade mediada por macrófagos dependente de anticorpos *in vitro* **(Zhou *et al.*, 2000)**.

Por outro lado, a vacinação com péptidos contendo epítopos de células T da proteína 14 *de S. mansoni* (Sm 14), mas não da Pmy, induz uma resposta imunitária Th1 que conduz à redução e proteção parcial contra a infeção *por S. mansoni* em ratinhos **(Garcia *et al.*, 2008)**. Além disso, a vacinação contra a fasciolíase através de uma vacina multivalente de antigénios específicos de cada fase, por exemplo, a catepsina B (CB) e a CL, que são materiais E/S de vermes do fígado, foram utilizadas como alvo para a vacinação. A CB é predominante na fase juvenil do ciclo de vida, enquanto as CL são libertadas ao longo de todo o ciclo. Foram utilizadas isoladamente ou em combinação para vacinar ratos que foram subsequentemente desafiados com metacercárias *de F. hepatica*, o que levou à indução de uma resposta imunitária e produziu um número significativamente menor e mais pequeno de vermes do que o grupo de controlo **(Jayaraj *et al.*, 2009)**.

Estudos anteriores mostraram que a imunização com Pmy recombinante de *Trichinella spiralis (T. spiralis}* (rTs-Pmy) formulada com o adjuvante de Freund reduziu significativamente a carga larvar em ratos após o desafio larvar *de T. spiralis*. Uma vez que o adjuvante de Freund é tóxico e não é um adjuvante adequado para ensaios clínicos de vacinas, avaliámos a capacidade dos adjuvantes Montanide ISA206 e ISA720 para estimular respostas imunitárias durante a imunização com rTs-Pmy e para aumentar a imunidade protetora. Os resultados revelaram que a imunização de ratinhos BALB/c com rTs-Pmy formulado com ISA206 ou ISA720 desencadeou respostas imunitárias Th1 e Th2 semelhantes às produzidas pela formulação convencional do adjuvante de Freund e também proporcionou um nível semelhante de proteção contra o desafio larvar *de T. spiralis*. Isto indica que a Ts-Pmy recombinante formulada com Montanide ISA206 ou ISA720 pode ser uma estratégia de vacina eficaz e segura para a triquinelose **(Yang *et al.*, 2010)**.

Para investigar a eficácia da imunização intranasal (i.n.) da proteína miofibrilar Pmy de 97 kDa de *S. japonicum*, uma candidata a vacina para a esquistossomose asiática, os ratinhos BALB/c foram imunizados i.m. com Pmy recombinante *expressa por Escherichia coli* (rPmy). A imunização i.m. usando rPmy misturado com toxina da cólera (CT) foi mais potente do que a imunização subcutânea (s.c.) com rPmy emulsionado em adjuvante incompleto de Freund (IFA) para indução de anticorpos séricos (IgG, IgE e IgA) e mucosos (IgA no nariz, pulmão e intestino) e respostas de hipersensibilidade retardada (DTH). A segunda imunização i.m. foi suficiente para induzir respostas séricas máximas de IgG e DTH, que foram quase completamente mantidas por mais de 6 meses. Em seguida, para avaliar a eficácia protetora da rPmy contra a infeção por *S. japonicum*, os ratos imunizados foram infectados com cercárias *de S. japonicum* 2 semanas após a segunda imunização. Às 7 semanas de IP, observou-se que não houve redução da carga de vermes ou da fecundidade nos grupos imunizados i.n. e s.c.. Os resultados mostraram que a imunização i.m. com rPmy/CT não proporcionou proteção contra a infeção pelo parasita, apesar de o antigénio ser um imunogénio muito potente para a mucosa. Estes resultados podem enfatizar a necessidade de inovar novos adjuvantes da mucosa ou moléculas de entrega para ultrapassar estes obstáculos na construção de uma plataforma de vacina antiparasitária da mucosa **(Kohama *et al.*, 2010)**.

A identificação do gene que codifica a Pmy de *Clonorchis sinensis* (CsPmy) e a caraterização das propriedades bioquímicas e imunológicas da sua proteína recombinante. A CsPmy mostrou um elevado nível de identidade de sequência com a Pmy de outros helmintas parasitas. A CsPmy recombinante (rCsPmy) expressa em bactérias tinha um peso molecular aproximado de 100 kDa e ligava-se tanto ao colagénio humano como ao complemento 9 (C9). A proteína foi expressa constitutivamente em várias fases de desenvolvimento do parasita. A análise de imunofluorescência revelou que a CsPmy estava localizada principalmente no tegumento, nos músculos subtegumentares e na camada muscular que circunda o intestino do parasita. A rCsPmy apresentou níveis elevados de reacções positivas (74,6%, 56/75) contra soros de doentes com clonorquíase. A imunização de ratos experimentais com rCsPmy evocou níveis elevados de produção de IgG. Estes resultados sugerem coletivamente que a CsPmy é uma proteína multifuncional que contribui não só para a estrutura da camada muscular mas também para funções não musculares nas interações hospedeiro-parasita. A indução bem sucedida da produção de IgG pelo hospedeiro também sugeriu que a CsPmy pode ser aplicada como antigénio de diagnóstico e/ou vacina candidata para a clonorquíase **(Park *et al.*, 2009)**.

O verme pulmonar bovino *Dictyocaulus viviparus* Pmy (DvPmy) foi caracterizado a nível transcricional e genómico. A sequência genómica identificada inclui 19 intrões, em comparação com apenas 10 intrões no ortólogo de Caenorhabditis elegans. A análise quantitativa da transcrição por PCR em tempo real revelou a transcrição de Pmy ao longo de todo o ciclo de vida do parasita, com a taxa de transcrição mais elevada nas larvas do primeiro estádio, que se movem com agilidade, e a mais baixa nas larvas do terceiro estádio, induzidas por hipobiose e imóveis. Verificou-se que o DvPmy expresso por recombinação se liga ao colagénio e à IgG. Assim, este estudo mostrou que a Pmy do nemátodo tem a capacidade de imunomodulação e, por conseguinte, pode estar envolvida na defesa imunitária do hospedeiro **(Strube *et al.*, 2009)**.

10. Diagnóstico

O diagnóstico precoce é necessário para um tratamento imediato antes que ocorram danos irreparáveis no fígado **(Hillyer *et al.*, 1992b)**. O diagnóstico da fasciolíase, da esquistossomose e de muitas outras doenças parasitárias em áreas endémicas depende principalmente da deteção microscópica de ovos nas fezes ou na urina (o diagnóstico parasitológico) **(Barreto *et al.*, 1990)**, que se baseia na identificação de ovos nas fezes, no conteúdo duodenal ou na bílis, também pela recuperação de vermes adultos durante a exploração cirúrgica, após o tratamento ou na autópsia. No entanto, os ovos podem estar presentes num número muito reduzido e em intervalos irregulares, pelo que são difíceis de encontrar. Além disso, os ovos podem estar transitoriamente presentes nas fezes após a ingestão de fígado cru ou mal cozinhado de animais infectados. Os métodos diretos de diagnóstico dos ovos são geralmente insatisfatórios. Os sintomas podem estar presentes durante várias semanas antes de os ovos serem recuperados nas fezes. Assim, os testes serológicos são o método alternativo para confirmar a fasciolíase humana precoce e extrabiliar. No entanto, as reacções cruzadas com outros antigénios helmínticos podem confundir a interpretação dos resultados **(Haseeb *et al.*, 2002)**. Assim, a prevenção e o controlo da doença são importantes para proporcionar um tratamento adequado antes da ocorrência de lesões hepáticas. Isto será conseguido através do diagnóstico precoce da doença e do desenvolvimento de uma vacina adequada para a profilaxia da infeção **(Hillyer *et al.*, 1992b)**.

No entanto, os ovos de *Fasciola* podem ser encontrados nas fezes de pacientes não infectados que tenham comido fígado cru infetado, levando a um diagnóstico falso positivo **(Bhamarapravati *et al.*, 1983)**. Os ovos encontrados nas fezes são muito escassos e, por isso, geralmente são necessárias técnicas de concentração **(Manson-Bahr e Apted, 1985)**. Para além disso, o diagnóstico precoce não é possível porque os ovos não são encontrados nas fezes até que os vermes atinjam a maturidade, normalmente entre as 10-14 semanas de infeção **(Armour *et al.*, 1997)**.

A medição das enzimas hepáticas gama-glutamil transpeptidase (YGT), aspartato aminotransferase (AST) e glutamato desidrogenase (GLDH) no plasma apenas indica patologia hepática e não é um teste específico para a fasciolíase **(Leclipteux *et al.*, 1998)**. A eosinofilia é a anomalia laboratorial mais frequente. A tomografia computorizada tornou-se uma técnica útil para o diagnóstico **(Hillyer, 1999)**.

Durante a investigação clínica e parasitológica, os resultados falsos negativos são comuns, especialmente em infecções ligeiras, o que leva ao fracasso do diagnóstico de muitos casos infectados e a uma forte subestimação da prevalência da doença **(De-Vias *et al.*, 1992)**. Apesar de todas as desvantagens do exame parasitológico da fasciolíase, houve uma abordagem para a realização de investigações serológicas. Foram utilizados vários testes serológicos para o diagnóstico. Quase todas estas técnicas dizem respeito à deteção de anticorpos circulantes e apenas algumas foram concebidas para detetar antigénios circulantes e complexos imunes **(Mas-Coma *et al.*, 2005)**.

Os testes serológicos baseados em anticorpos foram utilizados com êxito para detetar *a F. hepatica* logo às 2-4 semanas de gestação, uma vantagem em relação às técnicas de sedimentação actuais, que não detectam os vermes antes de estes amadurecerem e começarem a libertar ovos aproximadamente às 8 semanas de gestação. Vários ensaios de diagnóstico imunosserológico da fasciolíase humana, baseados na deteção de anticorpos específicos, revelaram-se muito úteis. Tais como o ensaio de imunoflurescência indireta (IIF) **(Deelder e Ploem, 1975)**, o ensaio de imunoelectrotransferência ligado a enzimas (EITB) **(Tsang *et al.*, 1983)** e o ensaio de imunoabsorção enzimática (ELISA) com as suas várias modificações **(Osman *et al.*, 1995; Maleewong *et al.*, 1996)**.

Deelder e Ploem (1975) utilizaram a técnica IIF para diagnosticar anticorpos contra a fasciolíase em humanos, coelhos e vitelos. O teste provou ser um dos melhores testes, mas os custos de um microscópio imunoflurescente, a subjetividade da leitura do teste e as dificuldades técnicas na avaliação de um grande número de soros impediram a aplicação generalizada do teste IIF **(Kagan, 1979).**

O teste de hemaglutinação indireta (IHA) foi considerado mais sensível e específico para o diagnóstico da fasciolíase. Foi indicada uma correlação direta entre o título de anticorpos e a intensidade da infeção **(Hillyer e De-Ateca, 1979).**

Na contra-imunoelectroférese (CIEP), foram utilizados antigénios brutos *de Fasciola* para a deteção de anticorpos contra a fasciolíase, mas mostraram uma reatividade cruzada com soros de doentes com esquistossomose. No entanto, quando foram utilizadas fracções parcialmente purificadas de antigénio, este reagiu apenas com soros de doentes com fasciolíase **(Mansour *et al.*, 1983).**

O teste ELISA foi avaliado por vários investigadores como uma técnica específica de elevada sensibilidade para a deteção de anticorpos contra a fasciolíase humana **(Khalil *et al.*, 1990; Shaker *et al.*, 1992).**

Foram desenvolvidos métodos ELISA específicos utilizando extractos brutos de Fasciola adulta E/S como antigénios para a deteção de anticorpos séricos **(Hassan *et al.*, 1995; O'Neill *et al.*, 1998).** No entanto, estes ensaios revelaram uma especificidade limitada, uma vez que *a Fasciola* partilha antigénios de reação cruzada com antigénios de muitos parasitas, nomeadamente *Schistosoma* e *Echinococcus* **(Hassan *et al.*, 1995).** A especificidade poderia ser acentuadamente melhorada através da utilização de anticorpos secundários anti-isótipos adequados. Infelizmente, a informação sobre a resposta isotípica dos anticorpos séricos no ser humano é escassa **(O'Neill *et al.*, 1998).**

O perfil isotípico dos anticorpos varia significativamente, dependendo das caraterísticas do imunogénio e de outros factores, como as citocinas. Na infeção natural por parasitas, o hospedeiro está a lidar com uma multiplicidade de antigénios diferentes, o que resulta em respostas poliespecíficas; no entanto, cada isótipo de Ig reconhece epítopos antigénicos distintos **(Garraud e Nutman, 1996).** A resposta do isótipo de anticorpo à preparação do antigénio do verme adulto *da Fasciola* (FWAP) foi examinada em soros de doentes com fasciolíase por ELISA **(Maher *et al.*, 1999).** Os seus dados mostraram que os anticorpos IgG1 e IgG4 específicos do FWAP foram encontrados em 97-100% dos soros dos doentes, enquanto os anticorpos IgM, IgA, IgG2 e IgG3 foram menos dominantes.

As respostas dos anticorpos à *F. hepatica* GST (FhGST) em várias infecções experimentais com *F. hepatica* foram examinadas por **Hillyer *et al.* (1992a)**, que descobriram que os hospedeiros com fasciolíase respondem à FhGST (coelhos, ovelhas) ou não respondem (ratos, gado).

Os antigénios E/S de *F. gigantica* foram testados por ELISA contra soros de casos de fasciolíase, esquistossomose e hidatidose para determinar a sua sensibilidade e especificidade na deteção de anticorpos IgG e IgM específicos **(Ortiz *et al.*, 2000).** Verificou-se que a sensibilidade do antigénio E/S atingiu 100% e a especificidade do E/S foi de 89,47% e 86,8% para IgG e IgM, respetivamente **(Mousa, 1994).** Os bovinos naturalmente expostos a *F. hepatica,* no Peru, desenvolveram uma resposta IgG significativa a este parasita **(Ortiz *et al.*, 2000).**

O serodiagnóstico é geralmente realizado por métodos ELISA e WB utilizando antigénios derivados de extractos de fascíolas adultas ou produtos E/S **(Fagbemi e Guobadia, 1995; Clery *et al.*, 1996; Sampaio-Silva *et al.*, 1996).** Os antigénios de E/S de *Fasciola spp.* ou os seus componentes parcialmente purificados são a fonte mais comum de antigénios para utilização em métodos ELISA e os anticorpos para estes antigénios podem ser detectados logo a partir das 2 semanas e as concentrações máximas são atingidas às 8-10 semanas de **PI (Fagbemi e Guobadia, 1995**).

A análise do curso temporal da resposta de anticorpos à infeção por *F. gigantica* em ovinos foi estudada por ELISA e EITB. Os soros de ovelhas experimentalmente infectadas com *F. gigantica* reagiram com antigénios E/S do verme antes e depois da quimioterapia com oxiclozanida. No teste ELISA, verificou-se um aumento significativo dos anticorpos *anti-Fasciola* às 2 semanas de infeção e uma diminuição acentuada do título de anticorpos às 4 semanas **(Guobadia e Fagbemi, 1995).**

Verificou-se que os soros humanos da esquistossomose e da equinococose podem reagir de forma cruzada com os antigénios brutos *de Fasciola* no diagnóstico serológico **(Liu *et al.*, 1992).** No entanto, a purificação parcial do antigénio bruto *de Fasciola* provou ser um método adequado para evitar a reatividade cruzada quando se utilizou ELISA, CIEP ou IHA **(Khalil *et al.*, 1990).**

Tinell *et al.* (1987) alcançaram taxas de sensibilidade e especificidade de 100% dos casos de fasciolíase estudados utilizando ELISA para a deteção de anticorpos *contra F. gigantica.* Utilizando antigénios específicos *de Fasciola* purificados por imuno-afinidade, foram utilizadas as técnicas ELISA e EITB para a deteção de anticorpos *contra Fasciola* em soros humanos infectados. Verificaram que a técnica ELISA era 100% sensível e 93% específica, enquanto a técnica EITB era 100% sensível e específica. Estes dados revelaram que o ELISA pode ser utilizado como um bom teste de despistagem, enquanto o EITB pode servir como teste de confirmação para o imunodiagnóstico da fasciolíase **(Shaker *et al.*, 1994**).

O ELISA e o micro-ELISA foram utilizados para o serodiagnóstico da fasciolíase empregando produtos E/S de *F. hepatica* adulta. A sensibilidade de cada método foi de 100%, mas a especificidade foi de 100% para o ELISA e de 97% para o micro-ELISA. O micro-ELISA pode ser utilizado como ensaio de despistagem e o ELISA pode ser utilizado como método de confirmação para o serodiagnóstico da fasciolíase **(Silvana *et al.* 2001**).

Castro *et al.* (2000) investigaram a dinâmica do aparecimento e persistência de anticorpos usando dot-ELISA após o tratamento de bovinos naturalmente infectados com *F. hepatica.* Isto é importante em países como o Uruguai, onde a endemicidade da fasciolíase bovina torna necessário distinguir os anticorpos da infeção atual e residual *por F. hepatica.* ELISA com dois CP de 26 kDa (Fas1) e 25 kDa (Fas2), obtidos a partir do material regurgitado de vermes adultos, e foram avaliados com amostras de soro de pacientes infectados com *F. hepatica* e pacientes com outras infecções parasitárias. A especificidade do ELISA foi de 98% para Fas1 e 100% para Fas2. O ELISA com Fas2 é um ensaio altamente sensível e específico para o imunodiagnóstico da fasciolíase **(Cordova *et al.*, 1999).**

O Dot-ELISA demonstrou que a IgG2 e a IgG4 apresentaram a especificidade mais elevada (>99%), seguidas da IgG1 (90%) e o teste menos específico foi obtido com a deteção do isótipo IgG (85%). A deteção de isótipos *anti-Fasciola*, especialmente IgG4, é muito específica para o diagnóstico exato da fasciolíase **(Mohsen *et al.*, 2002).**

Foi estudada a utilização de PC de vermes adultos de *F. hepatica* para o serodiagnóstico da fasciolíase ovina através do teste ELISA indireto. Duas fracções de homogenatos de vermes adultos, com Mw aparente de 28 e 34 kDa (P28 e P34, respetivamente), foram caracterizadas como PC. Ambas as fracções P28 e P34 foram electroeluídas e utilizadas como antigénios em dois testes ELISA indirectos diferentes. Os níveis séricos de IgG contra P28 e P34 em cabras infectadas experimentalmente com 200 metacercárias foram determinados e comparados com os observados num grupo de controlo não infetado **(Ruis *et al.*, 2003).**

Os testes ELISA utilizando PC mostraram uma deteção rápida e consistente de IgG específica em todas as cabras infectadas experimentalmente. A resposta de IgG ao P28 foi a primeira a ser detectada logo às 2-3 semanas de PI e manteve-se elevada durante toda a experiência. A resposta ao P34 foi detectada mais tarde (4-6 semanas) e desapareceu nalguns animais às 18 semanas de PI, enquanto os vermes ainda estavam presentes nos canais biliares. Não foram observadas diferenças significativas entre as respostas de IgG anti-P28 e anti-P34 entre os animais que receberam uma infeção primária ou uma infeção de desafio. Os resultados do estudo, embora preliminares, foram promissores, uma vez que o ELISA P28 era um método fiável para o imunodiagnóstico da infeção por *F. hepatica* em caprinos **(Ruis *et al.*, 2003).**

Uma glicoproteína (27 kDa) foi isolada do antigénio somático bruto de *F. gigantica* por cromatografia de afinidade em duas etapas e foi utilizada na deteção precoce da fasciolíase experimental em bovinos por ELISA indireto e em formatos dot-ELISA, embora os anticorpos anti-27 kDa pudessem ser detectados após 3 semanas de PI por dot-ELISA, o que foi 1 semana mais tarde do que o ELISA indireto. O dot-ELISA foi mais conveniente na aplicação no terreno. Através do dot-ELISA, a infeção pôde ser igualmente detectada em animais infectados com 100, 200 e 300 metacercárias de *F. gigantica* com elevada sensibilidade **(Ghosh *et al.*, 2005).**

A fim de comparar o ELISA em sanduíche e o dot-ELISA utilizando antigénios E/S, foram investigadas amostras de soro de 37 doentes diagnosticados com fasciolíase por métodos parasitológicos, patológicos e/ou radiográficos, 51 doentes previamente infectados com outros parasitas que não a *F. hepatica* e 31 indivíduos saudáveis, para detetar a presença de anticorpos IgG específicos *da F. hepatica* com duas técnicas ELISA. Para este efeito, foram realizadas técnicas dot-ELISA e ELISA em sanduíche, utilizando antigénios E/S *de F. hepatica*. Todos os 37 soros de doentes com fasciolíase foram seropositivos com o método ELISA em sanduíche, enquanto 36 soros foram positivos com o método dot-ELISA. O método ELISA em sanduíche deu 3 (5,9%) resultados positivos para os doentes com outros parasitas (2 toxocaríase e 1 quisto hidático) e o método dot-ELISA deu resultados positivos para 2 doentes com toxocaríase (3,9%). Em 31 indivíduos saudáveis, as taxas de seropositividade foram detectadas como 3,2% e 16,1% para os métodos ELISA em sanduíche e dot-ELISA, respetivamente. Como resultado, a sensibilidade e a especificidade do método dot-ELISA foram de 97,3% e 93,3%, respetivamente, enquanto estas taxas foram de 100% e 97,0% para o método ELISA em sanduíche, respetivamente. O valor preditivo positivo mais elevado foi detectado para o ELISA em sanduíche (90,2%), enquanto ambos os métodos apresentaram valores preditivos negativos elevados (100% para o ELISA em sanduíche, 99,1% para o dot-ELISA) **(Sakru *et al.*, 2004)**.

Em geral, apesar da sua sensibilidade satisfatória, os ensaios de imunodiagnóstico para infecções helmínticas são prejudicados pela falta de especificidade, o que é atribuível à posse de antigénios comuns por diferentes helmintas **(Pelley e Hillyer, 1978).** Este fenómeno constitui um problema no serodiagnóstico da fasciolíase e levou a várias tentativas para identificar e isolar antigénios específicos *da Fasciola*, a fim de aumentar a especificidade e a sensibilidade dos ensaios de diagnóstico. Além disso, a maioria dos testes imunológicos utilizados nos últimos anos para o diagnóstico da fasciolíase centrou-se na deteção de anticorpos, que revelaram tanto infecções recentes como actuais. Além disso, os anticorpos permanecem a um nível detetável após a cura. Além disso, na infeção recente, os testes são negativos durante as 1-4 semanas **(Rodriguez-Osorio *et al.*, 1998).**

Por outro lado, a deteção de antigénios de parasitas no soro do hospedeiro permite o diagnóstico de infecções actuais e não passadas **(Fagbemi *et al.*, 1997).** Os ensaios de deteção de antigénios podem identificar infecções pré-patentes ou ocultas no hospedeiro e também fornecem, até certo ponto, uma medida serológica da carga parasitária que os ensaios de anticorpos mais tradicionais são incapazes de detetar **(Zheng *et al.*, 1990).**

A deteção de antigénios também tem uma vantagem sobre a deteção de anticorpos, na medida em que implica uma infeção atual e, como parâmetro de infeção ativa, pode aumentar a gestão potencial da doença clínica **(Rodriguez-Osorio *et al.*, 1998).** Estes antigénios são libertados por vírus maduros e tardios

O soro de pacientes infectados com S. mansoni, cisticercose, hidatidose e doença de Chagas não reage de forma cruzada com o F. hepatica. De facto, o soro de doentes infectados com *S. mansoni,* cisticercose, hidatidose e doença de Chagas não apresenta reação cruzada com a *F. hepatica.*

Um procedimento alternativo para o diagnóstico da fasciolíase baseia-se na deteção de antigénios circulantes. Estes agentes antigénicos foram encontrados em soros de ratinhos **(Langley e Hillyer, 1989)**, ratos **(Espino *et al.*, 1997)**, cabras **(Mbuh e Fagbemi, 1996),** bovinos **(Fagbemi *et al.*, 1995)** e humanos **(Espino e Finlay, 1994)**.

Langley e Hillyer (1989) utilizaram um soro de coelho anti-F. *hepatica* para a deteção desta infeção em ratos. **Fagbemi *et al.* (1995)** utilizaram um soro policlonal *anti-F. gigantica* para detetar antigénios de 88 kDa circulantes no soro de bovinos infectados com esta fascíola.

Foi detectado um antigénio de 69 kDa específico *da Fasciola*, provavelmente semelhante ao antigénio de 70 kDa referido por **Rodriguez-Osorio *et al.* (1998),** em soros de cabras naturalmente infectadas com *F. hepatica*. Este antigénio de 69 kDa foi identificado utilizando soros de ovelhas infectadas e produtos de E/S de *F. gigantica* **(Guobadia e Fagbemi, 1996).**

Foram detectados antigénios E/S circulantes no soro e nas fezes de humanos, bovinos e ratos infectados com *F. hepatica* utilizando anticorpos policlonais (pAb) e anticorpos monoclonais (mAb).

Clinicamente, a fasciolíase humana tem de ser diagnosticada de forma diferenciada das doenças hepáticas como a hepatite aguda e crónica, se o exame parasitológico for insatisfatório. Assim, o ELISA para antigénios E/S *de F. hepatica* foi avaliado no imunodiagnóstico de casos de fasciolíase humana comprovados parasitologicamente. O teste ELISA para os antigénios E/S *de F. hepatica* apresentou uma sensibilidade de 100% e uma especificidade de 100% **(Haseeb *et al.*, 2003).**

Os antigénios E/S de 27-28 kDa parcialmente purificados de vermes adultos *de F. gigantica* foram utilizados como antigénios sensíveis e específicos para o imunodiagnóstico da fasciolíase humana **(Tantrawatpan *et al.*, 2003**). As proteínas *de F. hepatica* (28 kDa) são um dos antigénios de diagnóstico na fasciolíase humana sem reação cruzada com outras trematodíases humanas **(Kim *et al.*, 2003).**

O extrato de antigénio somático adulto de *F. gigantica* foi comparado com antigénios E/S em ELISA para o serodiagnóstico da fasciolíase humana. Os valores de absorvância no ELISA utilizando o antigénio somático adulto não foram significativamente *(P>0,05)* diferentes dos valores obtidos utilizando antigénios E/S. A sensibilidade diagnóstica, a especificidade e os valores preditivos positivos e negativos (VPP e VPN) do teste utilizando o extrato somático do adulto como antigénio foram de 100%, 98%, 70% e 100%, respetivamente. Por outro lado, estes valores do teste utilizando antigénios de E/S de adultos foram de 100%, 99,3%, 87,5% e 100%, respetivamente. Parece que tanto os antigénios somáticos como os E/S são antigénios eficazes para utilização no serodiagnóstico da fasciolíase humana **(Maleewong *et al.*, 1996)**.

As enzimas do verme adulto *da Fasciola* têm sido utilizadas como antigénios em ensaios de imunodiagnóstico em várias ocasiões com o objetivo de melhorar a sua quantidade e essas macromoléculas incluem a fosfatase alcalina **(Pujol e Cesari, 1990)** e proteases **(Yamasaki *et al.*, 1989).** Destes, o imunoensaio baseado em mAb para detetar antigénios *de Fasciola* **(Espino *et al.*, 1990)** demonstrou ser altamente específico, sensível e simples para o diagnóstico da fasciolíase ativa.

Foram desenvolvidas técnicas de diagnóstico direto para demonstrar a presença da própria peste **(Dumenigo *et al.*, 1996).** Estes testes incluem a deteção de antigénios E/S *de F. gigantica* nas fezes (coproantigénios) com a utilização de mAb ou pAb. No entanto, as técnicas de deteção de antigénios E/S nas fezes não detectam a infeção por parasitas durante o período de migração. É evidente que seria benéfico um teste de diagnóstico sensível e específico que detectasse a presença de vermes no animal parasitado durante todo o processo de migração, sobretudo porque as infecções pré-patentes podem causar perdas clínicas e económicas significativas. A deteção de antigénios *de F. hepatica* nas fezes do hospedeiro infetado oferece várias vantagens potenciais em relação aos ensaios serológicos. Só são detectados os vermes que metabolizam ativamente, há menos possibilidade de formação de imunocomplexos e não é necessário manusear os animais para obter amostras, uma vez que podem ser colhidas amostras de fezes frescas do pasto. Os primeiros relatórios sobre o diagnóstico da fasciolíase através da deteção de coproantigénios nas fezes humanas incluíram a utilização de um método CIEP **(Youssef *et al.*, 1991).** Utilizando a análise WB e pAb, foi detectado um coproantigénio de 26-28 kDa de *F. hepatica* nas fezes de gado naturalmente infetado **(El-Bahy *et al.*, 1992).** Utilizando ELISA, foram detectados coproantigénios nas fezes de pessoas infectadas com *F. hepatica* **(Espino e Finally, 1994). Abdel-Rahman (1996)** desenvolveu anteriormente um ensaio WB baseado em mAb para detetar coproantigénios de 26-28 kDa e considerou-o útil para o diagnóstico da fasciolíase. Estes coproantigénios têm boas caraterísticas de diagnóstico; são estáveis no trato gastrointestinal do hospedeiro e sob várias temperaturas de armazenamento.

Foi relatado um ELISA em sanduíche utilizando um novo mAb para a deteção de antigénios E/S *de F. hepatica* nas fezes de hospedeiros infectados. A especificidade e a sensibilidade do ELISA em sanduíche foram avaliadas utilizando as fezes de ovinos e bovinos. O ELISA em sanduíche apresentou limites de deteção de 0,3 ng (ovinos) e 0,6 ng (bovinos) de antigénios E/S de *F.* hepatica/ml do sobrenadante das fezes. Estes resultados indicam que este ensaio é um método fiável e ultrassensível para a deteção de quantidades subnanogramas de antigénios *de F. hepatica* nas fezes de ovinos e bovinos, facilitando o diagnóstico precoce **(Mezo *et al.*, 2004)**.

Rodriguez-Perez e Hillyer (1995) descreveram a deteção de antigénios E/S em soros de ovelhas infectadas através de microELISA com anticorpos duplos. Numerosos antigénios estão associados ao verme migratório **(Qureschi *et al.*, 1995).** No entanto, o padrão antigénico muda rapidamente no PI **(Tkalcevic *et al.*, 1996).** Os antigénios de origem somática ou de produtos E/S podem ser detectados logo às 4-6 semanas de **PI (Rodriguez-Perez e Hillyer, 1995).** O método tem algumas desvantagens; a formação de imunocomplexos tende a reduzir o número de epítopos disponíveis para o teste, diminuindo assim a sensibilidade **(Langley e Hillyer, 1989).** Quando os vermes entram no ducto biliar, os seus vários produtos antigénicos podem já não estar em circulação **(Hanna, 1980)** e, como estes testes requerem soro, pode ser difícil testar grandes efectivos.

Uma técnica simples e dot-ELISA baseada no antissoro específico de coelho foi 100% específica quando testada utilizando soros de nove bovinos infectados com *F. gigantica* e 27 bovinos não infectados. Um antissoro específico de coelho e a análise WB foram utilizados para demonstrar a presença de antigénios altamente reactivos de 26-28 kDa não só num extrato de *F. gigantica* adulto, mas também nos produtos E/S dos vermes, na secreção biliar e nos soros de bovinos naturalmente infectados com parasitas **(Attallah *et al.*, 2002).**

Os antigénios imunodominantes com uma massa molecular aproximada de 27 kDa, *F. gigantica* 27 (FG27), foram obtidos a partir de produtos E/S de *F. gigantica* adulta através de um método simples de eluição contínua. Foi desenvolvido um Dot-ELISA utilizando o antigénio FG27 para a deteção de anticorpos específicos de doentes infectados com *F. gigantica.* Este dot-ELISA é um método específico, sensível e fácil de executar para o diagnóstico rápido da fasciolíase, particularmente quando não estão disponíveis testes laboratoriais mais complexos **(Intapan *et al.*, 2003).**

A fim de avaliar os antigénios E/S *de Fasciola* para o diagnóstico da fasciolíase precoce, foram utilizadas diferentes técnicas de diagnóstico para um EITB, a banda da fração da proteína E/S específica de *Fasciola* (49,5 kDa), e o mAb contra esta banda da fração específica foi preparado através da imunização de coelhos isentos de agentes patogénicos. A avaliação do mAb preparado no diagnóstico da fasciolíase humana foi realizada através da deteção de coproantigénios E/S por ELISA em sanduíche em amostras de fezes obtidas de doentes com fasciolíase confirmada, outros parasitas, bem como de indivíduos saudáveis. As amostras de soro foram colhidas e testadas para detetar anticorpos séricos contra antigénios E/S *de Fasciola* utilizando EITB e CIEP. A análise dos produtos de E/S de vermes adultos *de Fasciola* por SDS-PAGE revelou várias bandas, cujo Mw variava entre 14-200 kDa; com três bandas principais (27,5, 32,5 e 55 kDa). A fração proteica de 49,5 kDa *de Fasciola* E/S provou ser específica de *F. gigantica.* Foi observada uma reação cruzada com *S. mansoni* em Mw mais elevado (110-120 kDa). A sensibilidade, a especificidade e a exatidão do diagnóstico do EITB foram de 45,2%, 100% e 70,7%, respetivamente, enquanto as do CIEP foram de 38,7%, 100% e 67,2%, respetivamente. A técnica ELISA utilizando um anti-49,5 kDa monoespecífico para detetar coproantigénios revelou-se prática e fiável. Apresentou uma maior sensibilidade (91,4%) e uma maior precisão de diagnóstico (91,8%), enquanto a especificidade foi de 92,3%. Além disso, o ELISA apresentou um VPN mais elevado (88,9%) e um VPP razoável (94,1%) **(Arafa *et al.,* 1999)**.

A resposta de anticorpos e os níveis de antigénio circulante em vitelos bovinos, experimentalmente infectados com *F. gigantica,* foram monitorizados utilizando EITB e ELISA em sanduíche, respetivamente. Quando se utilizou o EITB, os soros dos vitelos infectados reconheceram os polipéptidos na gama de 5458 kDa logo a partir das 2 semanas de PI. Em 12th semanas antes da infeção, os dois polipéptidos inferiores de 12 e 8 kDa tinham desaparecido. Em ELISA em sanduíche, os antigénios circulantes de 54 kDa e de vermes inteiros de *F. gigantica* foram detectados em amostras de soro de vitelos infectados logo às 2 semanas de gestação e persistiram até ao final da experiência (26th wk PI). O antigénio de 54 kDa da *F. gigantica* parece ser específico e possui um potencial imunodiagnóstico promissor para o diagnóstico precoce pré-patente da fasciolíase bovina **(Velusamy *et al.,* 2004)**.

CAPÍTULO 2. MATERIAIS E MÉTODOS

1. Animais

Coelhos brancos machos da Nova Zelândia, pesando aproximadamente 1,5 kg e com cerca de 1,5 meses de idade, foram examinados antes das experiências (isentos de *Fasciola* e outras infecções parasitárias) e mantidos no programa de fornecimento biológico de Schistosome, Theodor Bilharz Research Institute, Giza, Egito (SBSP/TBRI). Foram mantidos sob cuidados laboratoriais normais (a 21°C, 4555% de humidade) e alimentados com água potável filtrada ad libitum, 24% de proteínas e 4% de gordura. As experiências com animais foram efectuadas de acordo com as orientações e condições éticas internacionalmente válidas **(Nessim *et al.*, 2000)**.

2. Parasitas

Os vermes adultos de *F. gigantica* foram obtidos dos canais biliares e da vesícula biliar de fígados de bovinos naturalmente infectados com o parasita num matadouro local. Os vermes foram lavados três a quatro vezes com solução salina tamponada com fosfato (PBS), pH 7,4, à temperatura ambiente para remover todos os vestígios de sangue, bílis e microrganismos contaminantes **(Maggioli *et al.*, 2004).**

As metacercárias de *F. gigantica* foram adquiridas da SBSP-TBRI. As metacercárias foram coletadas imediatamente em folhas de celofane após o desprendimento dos caramujos *Lymnaea natalensis* e, em seguida, foram cuidadosamente removidas por raspagem com duas pequenas placas de vidro e usadas para infeção.

3. Recolha de amostras

Foram colhidas aleatoriamente amostras de 80 animais de bovinos naturalmente infectados durante várias visitas ao matadouro local (75 animais infectados por vermes *Fasciola* e 30 animais de controlo saudáveis). As amostras de sangue foram recolhidas durante o abate. Os fígados e as vesículas biliares dos animais foram verificados quanto à presença de vermes adultos. Os soros foram preparados em 0,1 ml/alíquota, inactivados pelo calor e armazenados a -20°C até serem utilizados.

4. Preparação do antigénio

4.1. Preparação do homogenato de vermes inteiros *de F. gigantica*

Os vermes adultos limpos *de F. gigantica* foram homogeneizados em 2 volumes (vol.) de tampão Tris-HCl 20mM (BDH Chemicals, Inglaterra) contendo fluoreto de fenilmetilsulfonilo (PMSF) 5mM como inibidor de proteases (Sigma-Aldrich, Louis, EUA) a 20.000 rpm utilizando o homogeneizador IKA T20 (IKA, Staufen, Alemanha). O homogenato foi centrifugado a 30.000 rpm durante 30 minutos. Todo o processo de homogeneização e centrifugação foi efectuado a 4°C. As fracções sobrenadantes foram decantadas e analisadas quanto ao teor de proteínas e armazenadas a -20°C até serem utilizadas como extractos brutos.

4.2. Estimativa do teor proteico

O teor de proteínas foi determinado colormetricamente pelo ensaio de proteínas de ligação a corantes (método de Bradford) **(Bradford, 1976)**, utilizando kits BIO-RAD disponíveis no mercado (BIO-RAD laboratories, Richmond, CA, EUA); a solução padrão de proteínas de trabalho foi preparada de fresco diluindo a solução-mãe de albumina de soro bovino (BSA) (Sigma), tendo as amostras de proteínas desconhecidas sido preparadas com o mesmo tampão utilizado na preparação do padrão de proteínas de trabalho. Os padrões diluídos (0,1-1,0μg/ml) e as amostras desconhecidas foram colocados numa placa de microtítulo de 96 poços (Coaster, Cambridge, MA, EUA) com o reagente corante de trabalho (Comassie-brilliant blue G-250). O reagente corante utilizado foi preparado de fresco, diluindo a solução-mãe 1:5 com água destilada (dist. H_2 O) (v/v) e filtrado. Os padrões foram utilizados em duplicado, enquanto os desconhecidos foram utilizados em triplicado. A absorvância foi medida a 595 nm utilizando um leitor ELISA (Labsystems, Helsínquia, Finlândia). De acordo com as medições dos padrões, os valores de absorvância foram traçados como uma curva padrão a partir da qual o teor proteico das amostras desconhecidas pode ser derivado diretamente.

4.3. Purificação do antigénio Pmy *de F. gigantica*

A purificação foi efectuada em duas etapas:

A. Cromatografia de permuta iónica DEAE-Sephadex G-25 e G-200

O pó de Sephadex G-25 (Amersham Bioscience, Uppsala, Suécia) foi inchado em cerca de 300 ml de tampão Tris-HCI 0,5 M (pH 7). O pó de Sephadex G-25 (5 g) foi adicionado lentamente ao tampão, agitando suavemente com uma vareta de vidro. A dilatação completa demora 1-2 dias à temperatura ambiente ou 2 horas (hr), a 100°C, em água a ferver. A dilatação a alta temperatura também serve para desaerar o meio. Evitou-se a agitação vigorosa para não danificar as partículas. Cinco g de pó de Sephadex G-25 foram inchados em esferas de 22 ml.

Após o inchamento do DEAE-Sephadex, o sobrenadante inicial foi removido e lavado extensivamente com tampão Tris-HCl 10mM (pH 6,5). Em seguida, foi preparada uma pasta com 75% de meio sedimentado (esferas inchadas) para 25% de tampão. O chorume foi vertido numa coluna de 30 x 2,5 cm (Bio-Rad) num movimento contínuo através de uma vareta de vidro encostada à parede da coluna; este passo minimizou a introdução de bolhas de ar. Após a sedimentação dos grânulos (G-25 e G-200) na coluna, esta foi equilibrada com 3 leitos vol. (10mM Tris-HCl) e a capacidade de ligação aproximada da coluna foi determinada. A amostra foi dialisada contra o tampão de eluição e o seu conteúdo proteico foi calculado. A tubagem de saída da coluna foi então fechada. O conteúdo proteico <10% da capacidade do leito da coluna foi aplicado à coluna utilizando uma pipeta Pasteur. A saída foi então aberta e os grânulos foram lavados com tampão de eluição de 4 leitos vol. A substância de interesse, Pmy, é lavada para fora do gel e não é adsorvida nestas condições **(Timanova *et al.*, 1999).** As fracções de um ml recolhidas por gravidade após a purificação por cromatografia de permuta iónica G-25, a fração-alvo (tubos com leituras O.D máximas foram agrupados e o conjunto) foi submetido a uma purificação adicional por cromatografia de permuta iónica G-200 e a absorvância a 280 nm de cada fração foi medida. As fracções específicas foram então analisadas para a purificação máxima final por eletroforese em gel de poliacrilamida com dodecil sulfato de sódio (SDS-PAGE) e, em seguida, o teor de proteínas foi determinado colormetricamente pelo ensaio de proteínas de ligação a corantes **(Bradford, 1976)** utilizando kits BIO-RAD disponíveis comercialmente (BIO-RAD laboratories, Richmond, CA, EUA).

B. Princípio da eletroforese em gel de poliacrilamida com dodecil-sulfato de sódio (SDS-PAGE)

Na eletroforese, a migração das proteínas depende da carga, do tamanho e da forma das moléculas. No entanto, na presença de SDS, todas as proteínas ficam carregadas negativamente devido à sua ligação a moléculas de detergente carregadas negativamente. Quando estas proteínas revestidas de SDS são colocadas num campo elétrico, a separação das proteínas dependerá apenas do seu tamanho e forma **(Laemmli, 1970)**. Este critério foi utilizado na deteção e purificação de Pmy.

Reagentes

1- Acrilamida/bisacrilamida de reserva [30% T (concentração total de monómeros), 2,67% C (concentração de monómeros de ligação cruzada)], 146 g de acrilamida (Ubichem limited, Hampshire, Inglaterra) e 4,0 g de N, N meteleno bisacrilamida (Kodak, Rochester, NY, EUA) foram dissolvidos em 500 ml de H O. Em seguida, filtrados e armazenados a 4 C num frasco escuro. H_2O. Em seguida, filtrou-se e armazenou-se a 4° C num frasco escuro.

2- Tampão do gel de empilhamento (gel de acrilamida a 4%) (0,5 M Tris-Hcl, pH 6,8), 1,3 ml de acrilamida de reserva foi misturado com 6,1 ml de dist. H_2O, 2,5 ml de Tris-Hcl 0,5 M, pH 6,8, 100 µl de SDS, 50 µl de APS e 10 µl de tetrametilenodiamina (TEMED).

3- Tampão de gel de resolução (0,5 M Tris-HCl, pH 6,8).

4- 10% (p/v) de persulfato de amónio (APS).

5- 10% (p/v) SDS.

6- Tampão de amostra não redutor SDS (62,5 mM Tris-HCl, pH 6,8, 10% glicerol, 2% SDS).

7- Tampão de amostra Laemmli (reduzido) [62,5 mM Tris-HCl, pH 6,8, 10% glicerol, 2% SDS, 10% Tris 2-mercaptoetanol, 30µM azul de bromofenol, (BPB)].

8- Tampão de elétrodo (25 mM Tris-HCl, 192 mM glicina, 0,15% SDS, pH 8,3).

9- Solução de descoloração (0,7% de ácido acético glacial, 0,5% de metanol diluído até um litro com dist. H_2O).

10- N,N,N,N TEMED.

11- Aparelho de gel em placas com tanque, sanduíches, espaçadores e pentes (sistema de eletroforese mini-vertical).

Método

a. Preparação do gel

Conteúdo do gel	Gel de separação	Gel de empilhamento
Percentagem de acrilamida	12	%
Stock acrilamida/Bis	3,60ml	0,70 ml
Tampão de resolução de existências	2,25 ml	-
Tampão de empilhamento de stock	-	1,25 ml

Dist. H_2O	3 ml	3 ml
10% SDS	95μl	50μl
10% APS (Fresco)	50μl	30μl
TEMED	7μl	5μl

O gel de separação (gel de acrilamida a 12%) foi preparado misturando 4 ml de acrilamida de reserva com 3,35 ml de dist. H_2O, 2,5 ml de Tris-HCl 1,5M, pH 8,8, 100μl de SDS 10% (Merck, Damstadt, Alemanha), 50μl de APS 10% (Sigma) e 5μl de TEMED (Merck).

Foi preparado um gel a 12% (1 mm) em condições redutoras de acordo com o fabrico do Bio-Rad Lab. Modelo 595, Richmond, CA, EUA, e deixado a polimerizar durante 30-60 min. A parte superior do gel foi coberta com gel de empilhamento. Introduziu-se um pente de plástico (1 mm) no gel de poros grandes para formar os poços de amostra e deixou-se polimerizar durante 30 minutos. O pente foi retirado cuidadosamente do suporte de moldagem, da câmara de moldagem múltipla mini-protein 1 (Bio-Rad) e a cassete de placas foi colocada no núcleo de arrefecimento interno de uma célula mini-protein II (Bio-Rad). O tampão de elétrodo (25 mm Tris, 192 mM glicina, 15 SDS), pH 8,3, foi colocado nas câmaras superior e inferior.

b. Preparação e aplicação das amostras

As amostras foram preparadas como 5μg de *F. gigantica* Pmy/ml. Foi preparado um tampão de amostra 1:4 (v/v) (4 ml de H_2O, 1 ml de Tris-Hcl 0,5 M, pH 6,8, 0,8 ml de glicerol, 1,6 ml de SDS a 10%) e 0,4 ml de azul de bromofenol a 0,05% (p/v) (Koch-Light Lab. Coimbrook berk, Inglaterra) e 0,4 ml de β-mercaptetanol (Fluka, AG, Buchs, Alemanha). A proteína padrão de kit de baixo M.w. (Bio-Rad) de 97 kDa foi diluída em tampão de amostra 1:20 (v/v). As amostras preparadas e o padrão de baixo M.w. foram aplicados nos poços do gel preparado (20 μl/poço para a amostra e 10 μl para o padrão).

c. Passar o gel

A corrente foi ligada por uma fonte de alimentação de 0-200 V CC (Behringwerke AG, Marbug-Lahn, Alemanha) e foi ligada com o ânodo na parte inferior. A corrida foi iniciada com 10 mA até as amostras entrarem no gel de empilhamento e, em seguida, a corrente foi aumentada para 50 mA. A corrida electroforética termina quando o azul de bromofenol presente nas amostras atinge o fundo do gel.

d. **Coloração e descoloração do gel**

Após a eletroforese, o gel foi corado com 0,1% de azul de Comassie (p/v) em metanol, ácido acético e água na proporção de 4:1:5 (v/v/v) durante 2-4 horas, tendo depois o excesso de corante sido removido do gel por solução de descoloração para visualizar as bandas de proteínas. Após a descoloração, o gel foi armazenado em ácido acético a 5%.

5. Teste de reatividade e especificidade do antigénio Pmy *de F. gigantica* por ELISA indireto

Foi utilizado o método ELISA baseado no método original de **Engvall e Perlman (1971)** com a modificação da microplaca de **Nilsson (1990)** e **Venkatesan e Wakelin (1993)**.

Princípio

O teste ELISA envolve a adsorção passiva do antigénio na superfície da fase sólida e. g. placa de microtitulação seguida da adição de soro contendo anticorpos específicos que podem ser marcados com uma enzima (Igs anti-espécie conjugados) (ELISA indireto). O método indireto também pode ser utilizado através da incubação do antigénio revestido com anticorpos não marcados (primários) e, em seguida, com anticorpos marcados com enzima específicos do primário. Quando se adiciona um substrato adequado, ocorre a hidrólise, cujo grau é proporcional à quantidade de enzima ligada. A enzima e o substrato são escolhidos de modo a produzir uma decomposição enzimática-substrato colorida.

Reagentes

1- Tampão de revestimento (0,05 M de carbonato de sódio, pH 9,6).

2- Tampão de bloqueio [2,5% de soro fetal de vitelo (FCS) (Sigma), em PBS/T 0,1M].

3- Tampão de lavagem (0,01 M PBS, 0,05% Tween (v/v), PBS/T, pH 7,2).

4- Tampão do substrato:

a- Para conjugados de peroxidase

Tampão fosfato/citrato

Ácido cítrico	1.02 g
Na_2HPO_4, 12 H_2O	3.68 g
Dist. H_2O	100 ml

b- Para o conjugado de fosfatase alcalina

Tampão de carbonato 0,05M, pH 9,8

5- Substrato de fosfatase alcalina:

a- fosfato de paranitrofenilo (Sigma).

6- Solução de substrato de fosfato

Tampão a-fosfato/citrato	25 ml
O-fenilenodiamina Hcl (OPD) (Sigma)	15 mg
b-H2O2 (Sigma)	5 µl

7- Solução de paragem:-

a. Ácido sulfúrico 4N para os conjugados de peroxidase.

b. 1 N NaoH para os conjugados de fosfatase alcalina.

8- Tampão de diluição (0,01 M PBS, pH 6,9).

9- Placas de microtitulação (Costar, sede da empresa, Cambridge, MA, EUA).

Método

Os alvéolos das placas de microtítulo de poliestireno (96 alvéolos de fundo plano, M129 A Dynatech) foram revestidos com 100µl/alvéolo de *F. gigantica* Pmy a uma concentração de 30ug/ml em tampão carbonato 0,06M, pH 7,4, e depois bloqueados com 200µl/alvéolo de BSA 0,1% (Sigma) em PBS 0,1 M, pH 7,4 durante 1 hora a 37°C. As placas foram lavadas com tampão de lavagem (0,1 M PBS/T, pH 7,4) 5 vezes. Adicionaram-se cem pl de anticorpos policlonais contra o antigénio Pmy diluídos em série (1/50, 100, 200, 400, 800, 1600) em PBS a 10% a cada poço e incubou-se durante 1 hora a 37°C. As placas foram lavadas 3 vezes com tampão de lavagem. Cem µl de conjugado de peroxidase IgG anti-coelho (Sigma) diluído em PBS a 10% (1/1000) foram dispensados em cada poço e as placas foram incubadas durante 1 hora a 37°C. As placas foram lavadas 5 vezes com tampão de lavagem. Adicionaram-se a cada alvéolo 100 pl de solução de substrato dissolvida em 25 ml de tampão citrato-fosfato 0,05 M, pH 5, com peroxidase $H_2 O_2$ (Sigma) e as placas foram colocadas no escuro à temperatura ambiente durante 30 minutos. Foram adicionados 50 ml/poço de 8N $H_2 SO_4$ para parar a solução de substrato enzimático. A absorvância foi medida a 492 nm utilizando um leitor ELISA (leitor de microplacas Bio-Rad, Richomond, Ca).

6. Preparação de pAb contra Pmy

6.1. Imunização de coelhos para produção de pAb

O soro de coelho *anti-Fasciola* foi obtido através da imunização de coelhos brancos da Nova Zelândia com o antigénio Pmy *de F. gigantica.* Foi administrado a cada coelho um mg de antigénio *de F. gigantica* Pmy durante todo o período de imunização. Os coelhos receberam uma injeção i.m. de 1^{ry} dose em quatro locais do músculo femoral [1 mg de antigénio *de F. gigantica* misturado 1:1 em adjuvante completo de Freund (CFA) (Sigma)].

Foram administradas duas doses de reforço, cada uma com 0,5 mg de antigénio emulsionado em adjuvante de Freund incompleto (IFA). As doses de reforço subsequentes foram administradas em intervalos de 1 semana após a injeção de 1^{ry} .

Foram obtidas amostras de sangue do pavilhão auricular dos coelhos imunizados antes de cada dose de imunização e o título foi medido por ELISA indireto. No final das doses de reforço, os coelhos foram sacrificados e os soros foram recolhidos, aliquotados e mantidos a -20°C.

6.2. Purificação do soro de coelho *anti-Fasciola*

As etapas de purificação de IgG de coelho basearam-se em dois métodos diferentes:

- Método de precipitação com sulfato de amónio.
- Método de purificação do ácido caprílico.

6.2.1. Precipitação de sulfato de amónio

Princípio

As proteínas em soluções formam ligações de hidrogénio com a água através dos seus grupos polares e iónicos expostos. Quando é adicionada uma concentração elevada de iões altamente carregados, como o sulfato de amónio, estes grupos competem com as proteínas para se ligarem à água. Isto remove as moléculas de água das proteínas e diminui a sua solubilidade, resultando em precipitação **(Nowotny, 1979).**

Método

A solução saturada de sulfato de amónio (SAS) (Sigma) foi preparada dissolvendo 100 g de sal de sulfato de amónio puro em 100 ml de água destilada. H_2 O a 50°C e mantida durante a noite à temperatura ambiente. Após dissolução completa, o sobrenadante foi separado e o pH foi ajustado para 7-7,2 por gotas de amoníaco concentrado.

O SAS foi adicionado gota a gota ao soro *anti-Fasciola* de coelho até atingir 50% de saturação, com agitação contínua e, em seguida, centrifugado durante 20 min. a 12000 rpm numa centrífuga de arrefecimento (Heraues) a 4°C. O sobrenadante foi eliminado e, em seguida, os passos de precipitação com sulfato de amónio foram repetidos várias vezes. O precipitado final foi dissolvido numa quantidade adequada de PBS 0,01 M. O sulfato de amónio foi removido por diálise contra PBS 0,01 M, pH 7,2 durante 72 dias a 4°C.

6.2.2. Purificação por tratamento com ácido caprílico

Princípio

Em condições ligeiramente ácidas, a adição de ácidos gordos de cadeia curta, como o ácido caprílico, ao soro precipitará a maioria das proteínas séricas, com exceção da IgG **(Mckinney e Parkinson, 1987).**

Método

O soro foi dialisado contra um tampão de acetato de Na 3 mM, pH 4,8. Foi adicionado ácido caprílico a 7%, gota a gota, com agitação magnética lenta durante 30 minutos a 4°C, seguido de centrifugação a 3000 rpm durante 30 minutos. A albumina e outras proteínas não IgG foram separadas e removidas no precipitado, enquanto o sobrenadante continha IgG quase pura. A pureza da IgG produzida foi identificada por SDS-PAGE **(Laemmli, 1970),** como descrito anteriormente.

7. Marcação de pAb com peroxidase de rábano (HRP) (método do periodato)

Cinco mg de HRP (Sigma) foram suspensos em 1,2 ml de solução dist. H_2 o. Em seguida, adicionou-se 0,3 ml de periodato de sódio recentemente preparado e incubou-se à temperatura ambiente durante 20 minutos. A solução de HRP foi dialisada durante a noite contra um tampão de acetato de sódio 1 mM, pH 4, a 4°C, com várias mudanças de solução tampão. Após a preparação da solução de pAb (5 mg/ml em tampão carbonato 0,02M, pH 9,6), a HRP foi retirada da tubagem de diálise e adicionada a esta solução. A mistura foi deixada a incubar à temperatura ambiente durante 2 horas.

Adicionou-se 100 pl de borohidreto de sódio e a solução foi incubada a 4°C durante

2 hr. O conjugado HRP-anticorpo foi dialisado com várias mudanças contra PBS 0,01 M, pH 7,2 **(Tijssen e Kurstak, 1984).**

8. Teste de reatividade e especificidade do pAb contra o antigénio Pmy *de F. gigantica* por ELISA indireto

Método

Os alvéolos das placas de microtítulo de poliestireno (96 alvéolos de fundo plano, M129 A Dynatech) foram revestidos com 100μl/alvéolo de antigénio Pmy *de F. gigantica* a uma concentração de 30ug/ml em tampão carbonato 0,06M, pH 7,4, e depois bloqueados com 200μl/alvéolo de BSA 0,1% (Sigma) em PBS 0,1 M, pH 7,4 durante 1 hora a 37°C. As placas foram lavadas com tampão de lavagem (0,1 M PBS/T, pH 7,4) 5 vezes. Adicionou-se a cada poço 100 μl de pAb contra o antigénio Pmy diluído em série (1/50, 100, 200, 400, 800 e 1600) em PBS a 10% e incubou-se durante 1 hora a 37°C. As placas foram lavadas 3 vezes com tampão de lavagem. Foram dispensados 100 μl/poço de conjugado de peroxidase IgG anti-coelho (Sigma) diluído em PBS a 10% (1/1000) e as placas foram incubadas durante 1 hora a 37°C. As placas foram lavadas 5 vezes com tampão de lavagem. Foram adicionados 100 pl/poço de solução de substrato dissolvida em 25 ml de tampão citrato-fosfato 0,05 M, pH 5, com peroxidase H_2O_2 (Sigma) e as placas foram colocadas no escuro à temperatura ambiente durante 30 minutos. Foram adicionados 50 ml/poço de 8N H_2SO_4 para parar a solução de substrato enzimático. A absorvância foi medida a 492 nm utilizando um leitor ELISA (leitor de microplacas Bio-Rad, Richomond, Ca).

9. Padronização do ELISA Sanduíche

Princípio

O teste ELISA envolve a adsorção passiva de anticorpos na superfície de uma fase sólida, por exemplo, uma placa de microtítulo, em que são necessários dois anticorpos que se possam ligar a dois epítopos diferentes no mesmo antigénio. Um dos anticorpos é imobilizado num poço de microtitulação e o outro anticorpo é marcado com uma enzima adequada (Igs anti-espécie conjugados). Quando se adiciona um substrato adequado, ocorre a hidrólise, cujo grau é proporcional à quantidade de enzima ligada. A enzima e o substrato foram escolhidos de modo a produzir uma decomposição enzimasubstrato colorida.

Método

As placas de microtitulação foram revestidas com 100μl/poço de IgG pAb purificada com diferentes concentrações (2,5, 5, 10, 20 e 40μg/ml) diluídas em tampão carbonato 0,06 M, pH 9,6 e incubadas durante a noite à temperatura ambiente. As placas foram lavadas 3 vezes com tampão de lavagem (0,1 M PBS/T, pH 7,4).

Os locais livres dos poços foram bloqueados com 200 pl/poço de BSA a 1% durante 2 horas e incubados a 37°C. As placas foram lavadas três vezes com tampão de lavagem. Foram adicionados 100 μl/poço de antigénio Fasciola Pmy como controlo positivo; 100μl/poço de soros positivos ou negativos agrupados e incubados durante 2 horas a 37°C. As placas foram lavadas 5 vezes, com tampão de lavagem.

Em seguida, adicionou-se aos poços 100μl/poço de IgG pAb conjugado com peroxidase com diferentes concentrações (5, 10, 25, 50 e 100μg/ml) e incubou-se durante 1 hora à temperatura ambiente. As placas foram lavadas 5 vezes com tampão de lavagem, adicionou-se 100μl/poço de solução de substrato [um comprimido de O-fenilenodiamina (OPD) dissolvido em 25 ml de tampão citrato-fosfato 0,05 M, pH 5, com ureia hidrogenoperoxidase] e as placas foram incubadas no escuro à temperatura ambiente durante 30 minutos. Adicionou-se 100μl/poço de 8 N H_2 SO_4 para parar a reação enzima-substrato. A absorvância foi medida a 492 nm utilizando um leitor ELISA (leitor de microplacas Bio-Red Richmond, Ca).

10. Curva padrão para o limite de deteção de *F. gigantica* Pmy utilizando pAb por ELISA Sanduíche

Os alvéolos das placas de microtitulação de poliestireno foram revestidos com 100μl/alvéolo de 20 mg/ml de IgG pAb purificada em tampão de carbonato 0,6, pH 9,6. As placas foram lavadas 3 vezes com tampão de lavagem 0,1 M PBS/T pH 7,4. Os restantes locais foram bloqueados com 200μl/poço de BSA/PBS/T a 1% durante 2 horas a 37°C. As placas foram lavadas com tampão de lavagem 3 vezes. Cem μl de diluições em série de *F. gigantica* Pmy (0,05 a 10mg/ml) em PBS a 10% foram adicionados a cada poço e incubados durante 2 horas a 37°C; as placas foram lavadas 3 vezes com tampão de lavagem. Foram dispensados 100 μl/poço de IgG pAb conjugado com peroxidase de diluição 1/250 e as placas foram incubadas durante 1 hora a 37°C. As placas foram lavadas 5 vezes com tampão de lavagem. Adicionaram-se cem ml de solução de substrato (um comprimido de OPD (Sigma) dissolvido em 10 ml de tampão citrato-fosfato 0,05 M, pH 5, com ureia hidrogenoperoxidase (Sigma) a cada poço e as placas foram colocadas no escuro à temperatura ambiente durante 30 minutos. Foram adicionados 50 μl/poço de 8 N H_2 So_4 para parar a solução de substrato enzimático. A absorvância foi medida a 492 nm utilizando um leitor ELISA (leitor de microplacas Bio-Rad, Richmond, Ca).

11. Exame parasitológico de fezes

11.1. Contagem de ovos utilizando a técnica de Kato-Katz

As tiras de celofane (20x30 mm) foram mantidas embebidas na mistura de glicerina e verde de malaquite (100 ml de glicerina pura, 100 ml de H O dist. H_2 O e 1 ml de verde de malaquite aquoso a 3%) durante pelo menos 24 horas. Aproximadamente 1-2 g de amostra de fezes foram colocadas numa folha de papel descartável e pressionadas com a peneira. Transferiu-se um pedaço de fezes peneiradas para preencher o orifício no modelo de aço inoxidável e, em seguida, o modelo foi colocado sobre uma lâmina de vidro limpa. A amostra fecal foi coberta com uma tira de celofane e, em seguida, a preparação foi invertida e pressionada para baixo. O esfregaço foi deixado em repouso durante 24 horas. Toda a preparação foi examinada ao microscópio de baixa potência. O número total médio de ovos encontrados nas 3 lâminas (cada uma com 50 mg de fezes) foi multiplicado por 20 para calcular o número de ovos/g de fezes (epg) **(Engels *et al.*, 1997)**.

12. Imunodiagnóstico de soros naturalmente infectados e de controlo por método de sanduíche

ELISA

Setenta e cinco amostras de bovinos naturalmente infectados com *F. gigantica* e 30 amostras de controlo saudáveis não infectadas foram testadas utilizando ELISA em sanduíche e foram comparadas com outros parasitas, tais como 30 amostras infectadas com *S. mansoni, hidátide* e ancilostomíase. Todas as amostras destes animais foram colhidas após a deteção de vermes adultos no fígado dissecado de bovinos naturalmente infectados durante várias visitas ao matadouro local. Foram avaliadas a sensibilidade e a especificidade do teste ELISA.

13. Conceção experimental da estratégia de proteção

16 Os coelhos foram divididos em quatro grupos de quatro coelhos cada:

- **Grupo A**: Grupo de controlo não infetado.
- **Grupo B**: Grupo de controlo infetado; os coelhos foram infectados oralmente com 25 metacercárias de *F. gigantica.*
- **Grupo C**: Grupo imunizado; os coelhos foram imunizados com 1 mg de Pmy i.m. com igual volume de CFA como 1^{ry} imunização no dia 0. Doses de reforço, 1 ml de 0,5 mg de Pmy misturado com um volume igual de IFA, foram administradas após 2, 3 e 4 semanas da dose inicial como 2nd , 3rd e 4th imunizações.
- **Grupo D**: Grupo imunizado infetado; os coelhos foram imunizados pelo mesmo regime que o grupo C. Duas semanas após a imunização 4th , cada um destes animais foi desafiado oralmente com 25 metacercárias de *F. gigantica* **(Muro *et al.*, 1997)**.

As amostras de sangue foram colhidas semanalmente de todos os grupos durante o programa de imunização e de 2 em 2 semanas após a infeção de desafio dos grupos C e D até às 12 semanas de PI.

14. Critérios Parasitológicos

14.1. Tamanho e peso da pescada

Todos os coelhos foram submetidos a eutanásia no 12^{oth} wk PI. Os fígados individuais foram cortados em fatias de aproximadamente 1 cm de espessura e espremidos em solução salina morna para a recolha de vermes. Os vermes de cada animal sacrificado nos respectivos grupos foram registados quanto ao seu peso líquido, comprimento e largura. O tamanho e o peso líquido dos vermes recuperados dos grupos imunizados foram comparados com os vermes recuperados dos grupos infectados.

14.2. Contagem de ovos na bílis

A bílis recolhida de cada controlo infetado e de cada coelho imunizado infetado foi depurada por sedimentação/decantação repetida dos ovos. As contagens de ovos foram efectuadas ao microscópio de luz, medindo um volume definido (10plx5) de cada amostra para calcular o total de ovos num determinado volume de bílis, de acordo com o protocolo padrão.

15. Parâmetros imunológicos

15.1Avaliação de IgM *anti-Fasciola*, IgG total e seus isótipos IgG1, IgG2 e IgG4 por ELISA indireto

Foi utilizado o método ELISA baseado no método original de **Engvall e Perlman (1971)** com a modificação da microplaca de **Nilsson (1990) e Venkatesan e Wakelin (1993)**.

Princípio

O teste ELISA envolve a adsorção passiva do antigénio na superfície de uma fase sólida, por exemplo, uma placa de microtítulo, a adição de soro contendo anticorpos primários específicos, seguida da adição de um anticorpo secundário específico do primário, marcado com uma enzima (anticorpos conjugados anti-espécies). Quando se adiciona um substrato adequado, ocorre a hidrólise, cujo grau é proporcional à quantidade de enzima ligada. A enzima e o substrato foram escolhidos para produzir uma decomposição enzimática-substrato colorida.

Método

A IgM *anti-Fasciola*, a IgG total e os seus isótipos das subclasses IgG1, IgG2 e IgG4 foram medidos utilizando o antigénio *Fasciola* Pmy por ELISA indireto. Os alvéolos das placas de microtitulação (Costar, Cambridge, MA) foram revestidos com uma suspensão de 5 μg de antigénio *de Fasciola* Pmy (100 μl/alvéolo) em tampão de ligação (tampão de carbonato 0,05 M, pH 9,6). As placas foram cobertas e mantidas durante a noite à temperatura ambiente, sendo depois bloqueadas com BSA a 1% em PBS/T, pH 7,2, durante 2 horas à temperatura ambiente. As placas foram lavadas três vezes com PBS/T e incubadas com soro (100 μl/poço), diluído a 1:100 e 1:200 com PBS a 10% para medição de IgM, IgG total e os seus isótipos IgG1, IgG2 e IgG4, respetivamente, durante 1 hora num banho de água a 37°C, sendo depois lavadas três vezes com PBS/T. Foi utilizado um conjugado anti-IgG humana marcado com peroxidase, específico da cadeia gama (Sigma) e um conjugado específico de cabra anti-IgG humana4 (ligação específica de subclasse) marcado com HRP (Sigma) numa diluição de 1:400 e 1:1000, respetivamente. Em seguida, as placas foram incubadas durante 30 minutos num banho de água a 37°C e lavadas 5 vezes com PBS/T e incubadas com 100 μl/poço de substrato OPD Hcl durante 30 minutos. A reação foi parada com 50 μl/alvéolo de 8 N H_2 SO_4 e a absorvância foi medida como DO a 492 nm utilizando um leitor ELISA de microplacas (leitor de microplacas Bio-Rad, Richmond, CA, EUA). O valor-limite foi calculado como a DO média dos soros de controlo não infectados + 2 DP. As amostras com valores de DO iguais ou superiores ao valor de corte foram consideradas positivas e as amostras com DO inferiores ao valor de corte foram consideradas negativas.

15.2Determinação do perfil de citocinas através do teste ELISA

Foi utilizado o método ELISA em sanduíche para medir os níveis de citocinas. As concentrações de citocinas de IL-6, IL-10, IL-12 e TNF-α em soros de coelho foram determinadas de acordo com as instruções do fabricante (PharMingen, San Diego, Califórnia). As citocinas recombinantes foram utilizadas como padrões.

Princípio

O ELISA em sanduíche de citocinas é um imunoensaio enzimático sensível que pode detetar e quantificar especificamente a concentração de citocinas solúveis. O ELISA em sanduíche requer anticorpos que se ligam a epítopos que não se sobrepõem no antigénio. Neste ensaio, um anticorpo anti-citocina altamente purificado (o anticorpo de captura) liga-se a uma fase sólida tipicamente fixada no fundo dos poços de uma placa. Em seguida, adiciona-se o antigénio e deixa-se que este se complexifique com o anticorpo ligado. Os produtos não ligados são então removidos com uma lavagem, e um segundo anticorpo marcado (o anticorpo de deteção) pode ligar-se ao antigénio, completando assim a "sanduíche". O ensaio foi então quantificado medindo a quantidade de segundo anticorpo marcado ligado à matriz, através da utilização de substrato colorimétrico.

Método:

Resumidamente, as placas de microtitulação de 96 poços (Nunc, Roskilde, Dinamarca) foram revestidas com anticorpos de captura 100 pl de amostra de soro ou de citocina recombinante. Após adição do anticorpo de deteção biotinilado e do conjugado estreptavidina-fosfatase alcalina, a reação foi desenvolvida com para-nitrofenil fosfato (Sigma). A absorvância a 405 nm foi medida com um leitor Benchmark (Bio-Rad laboratories Inc., Hercules, Calif.). Os ensaios foram efectuados em duplicado. A concentração de citocinas foi obtida a partir de uma curva de regressão preparada com a ajuda do software Microplate Manager (Bio-Rad).

16. Estatísticas

A análise estatística dos resultados foi efectuada através da análise de variância (ANOVA) de uma via, de acordo com **Campbell (1989)**. A comparação entre dois grupos foi efectuada através do teste t de Student. Os dados foram considerados significativos se $P<0,05$, altamente significativos se $P<0,01$ e muito significativos se $P<0,001$. A percentagem de redução (PR) em todos os parâmetros foi calculada de acordo com **Fonseca *et al.* (2004)** utilizando a seguinte equação:

$$\mathbf{PR = 1 - \frac{Mean\ value\ of\ IT\ group}{Mean\ value\ of\ IU\ control\ group} X\ 100}$$

Em que: **IT** é o grupo tratado com a infeção **IU** é o grupo não tratado com a infeção

CAPÍTULO 3. RESULTADOS

1. Purificação de Pmy a partir de homogenato inteiro de vermes adultos de *F. gigantica*

1.1. Purificação por cromatografia de permuta iónica DEAE-Sephadex G-25

A figura (1) mostra o perfil OD_{280} das fracções de antigénio Pmy de vermes adultos de *F. gigantica* obtidas após a purificação do homogenato de vermes *de F. gigantica* por cromatografia de permuta iónica DEAE Sephadex G-25. O antigénio Pmy eluído pode ser representado pelas fracções (n.º 6-14) com um único pico com um valor máximo de DO igual a 2,903 na fração n.º 12.

Figura 1: Perfil das fracções de eluição cromatográfica do homogenato de vermes *de F. gigantica* em cromatografia de permuta iónica DEAE-Sephadex G-25

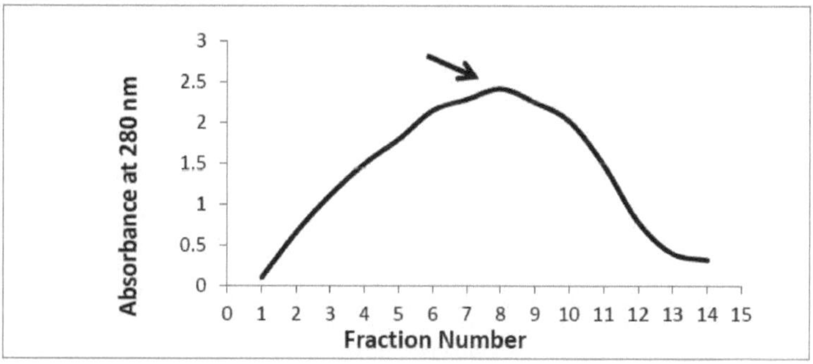

1.2. Purificação por cromatografia de permuta iónica DEAE-Sephadex G-200

As fracções que continham antigénios Pmy (n.º 6-14) foram posteriormente purificadas por cromatografia de permuta iónica DEAE-Sephadex G-200. Obteve-se um pico que representa as fracções do volume de eluição da coluna que contêm Pmy com um valor de DO de 2,420 na fração número 8 (Fig. 2). A fração proteica eluída (n.º 8) resultante dos diferentes métodos de purificação foi analisada por SDS-PAGE a 12% em condições redutoras, mostrando apenas uma banda de 97 kDa que representava a Pmy (Fig. 3).

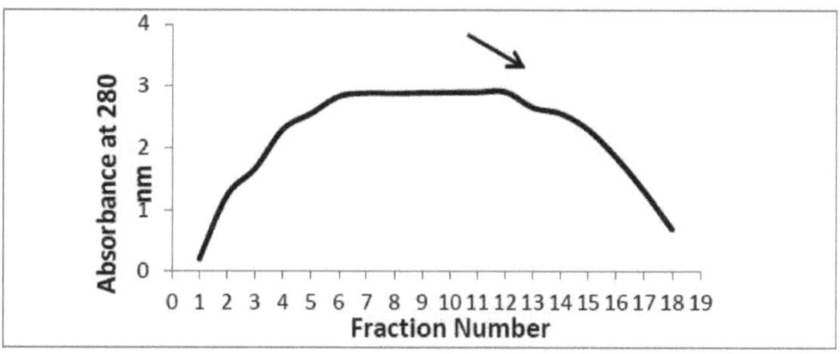

Figura 2: Perfil das fracções de eluição cromatográfica do homogenato de vermes inteiros em

cromatografia de permuta iónica DEAE-Sephadex G-200

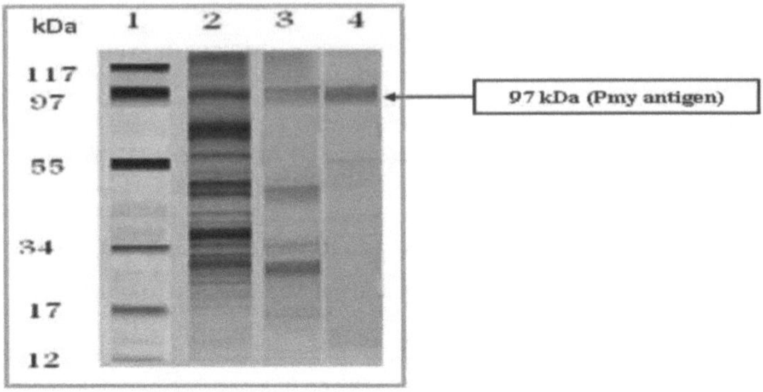

Figura 3: SDS-PAGE dos antigénios Pmy alvo eluídos das colunas de cromatografia de afinidade

Pista 1: Padrão de baixo peso molecular.
Faixa 2: Homogeneizado de vermes inteiros.
Pista 3: Antigénio alvo Pmy eluído a partir de Sephadex G-25.
Pista 4: Antigénio Pmy purificado eluído a partir de Sephadex G-200.

2. Estimativa do teor de proteínas totais do antigénio Pmy *de F. gigantica*

O homogenato completo de vermes obtido a partir de vermes adultos de *Fasciola* contém 8 mg/ml de proteínas totais, conforme medido pelo ensaio de proteínas Bio-Rad, enquanto que, após a purificação primária com cromatografia de permuta iónica DEAE-Sephadex G-25, era de 4,9 mg/ml e, após a purificação secundária, de 2,6 mg/ml com cromatografia de permuta iónica DEAE-Sephadex G-200.

3. Caracterização do antigénio Pmy *de F. gigantica*

3.1. Reatividade do antigénio-alvo por ELISA indireto

A antigenicidade do antigénio Pmy alvo purificado foi testada pela técnica ELISA indireta. As amostras de soro de animais infectados com *F. gigantica* apresentaram uma forte reatividade contra o antigénio Pmy *de Fasciola* com uma leitura média da DO igual a 1,317 e foram registadas reacções cruzadas muito fracas com soros de animais infectados com outros parasitas, por exemplo, *S. mansoni, hidátide* e ancilóstomo (quadro 1).

Quadro 1: Avaliação da reatividade do antigénio Pmy alvo purificado por ELISA indireto

Amostras de soro	DO a 492 nm (m ± DP)
F. gigantica	1.317±0.342
S. mansoni	0.257±0.201
Hidatide	0.112±0.094

Ancilostomíase	0.188±0.082

DO= Densidade ótica; **m ± DP**: média ± desvio padrão.

4. Produção de pAb contra o antigénio alvo *F. gigantica* Pmy

4.1. Reatividade do pAb contra *F. gigantica* Pmy

Foram colhidas amostras de sangue de teste de coelhos brancos da Nova Zelândia antes e depois da injeção de cada dose imunizante (4 amostras). Foram testadas para a presença de anticorpos *anti-Fasciola* específicos não infectados por ELISA indireto (OD=0,310). Um nível crescente de anticorpos começou 1 semana após a injeção de 1ry (OD=0,731), 1 semana após a dose de reforço de 1st o título atingiu (OD=1,91). Finalmente, três dias após a dose de reforço 2nd , os soros imunes registaram um título mais elevado contra *Fasciola* Pmy com uma leitura de DO de 2,97 na diluição 1/250 (Fig. 4).

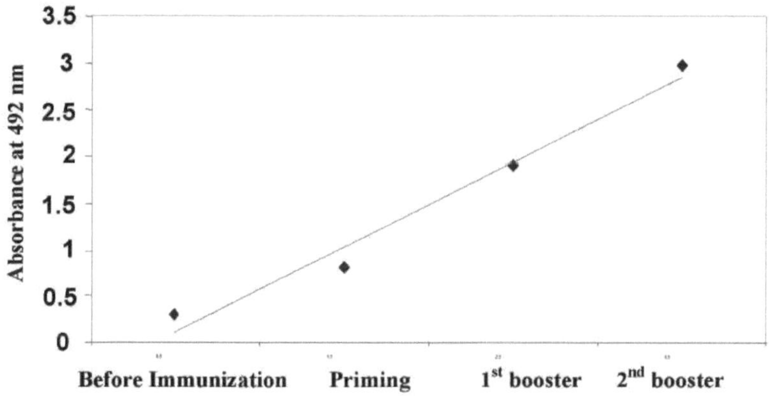

Figura 4: Reatividade dos anticorpos de coelho *anti-Fasciola* contra *Fasciola* Pmy por ELISA indireto

4.2. Especificidade do anticorpo policlonal contra o antigénio Pmy *de F. gigantica*

A reatividade do pAb *anti-Fasciola* contra o Pmy *de Fasciola* e outros antigénios de parasitas (*5. mansoni,* ancilóstomo e hidátide*)* foi testada por ELISA indireto para determinar a especificidade do Pmy.

O pAb *anti-Fasciola* produzido, diluído a 1/250, mostrou uma forte reatividade ao *Fasciola* Pmy. A leitura média da DO a 492 nm para *Fasciola* foi de 2,660 em comparação com apenas 0,372, 0,316 e 0,362 para *S. mansoni, hidatidose* e ancilostomíase, respetivamente (Quadro 2).

Quadro 2: Especificidade do pAb de coelho *anti-Fasciola* contra diferentes antigénios parasitários por ELISA indireto

Amostras de soro	DO a 492 nm (m ± DP)
F. gigantica	2.660±0.378
S. mansoni	0.372±0.202

Hidatide	0.316±0.105
Ancilostomíase	0.362±0.095

DO: Densidade ótica **m ± DP**: média ± desvio padrão

5. Purificação de pAb de coelho anti-F. *gigantica*

A fração contendo IgG do pAb *anti-Fasciola* de coelho foi purificada utilizando diferentes etapas de purificação, incluindo a precipitação com sulfato de amónio seguida do método de precipitação com ácido caprílico a 7%.

O teor total de proteínas do soro bruto de coelho imunizado foi de 12,5 mg/ml. O rendimento da purificação após cada etapa foi determinado pela avaliação do teor proteico.

Utilizando o método de precipitação com sulfato de amónio a 50%, o teor de proteínas do soro contendo pAb diminuiu para 6,1 mg/ml, enquanto que, após a precipitação com ácido caprílico a 7%, o teor diminuiu para apenas 3,2 mg/ml.

A pureza da IgG pAb após cada passo de purificação foi avaliada por SDS-PAGE a 12% em condições redutoras. A IgG pAb purificada foi representada por bandas das cadeias L e H com 31 e 53 kDa, respetivamente. O pAb parece estar livre de outras proteínas (Fig. 5).

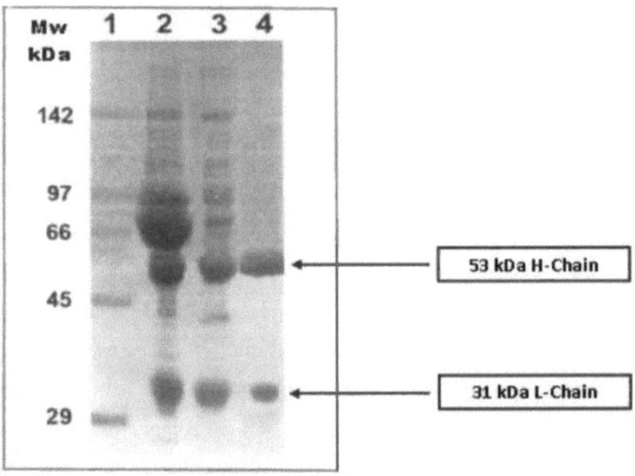

Figura 5: SDS-PAGE a 12% de Pmy de IgG pAb anti-F. *gigantica* antes e depois da purificação (corado com Comassie blue)
Pista 1: Massa molecular da proteína padrão.
Pista 2: IgG pAb anti-F. *gigantica* Pmy em bruto.
Pista 3: Proteínas precipitadas após tratamento com sulfato de amónio a 50%.
Pista 4: IgG pAb purificada após tratamento com ácido caprílico a 7%.

6. Padronização do ELISA Sanduíche

O pAb IgG anti-F. *gigantica* utilizado para a deteção do antigénio *Fasciola* Pmy foi utilizado como captura de antigénio e o pAb HRP como conjugado no ELISA em sanduíche. A técnica ELISA em sanduíche utilizada para a deteção de *Fasciola* Pmy foi previamente demonstrada nos materiais e métodos, mas foi necessário efetuar um trabalho preliminar de normalização e otimização antes da aplicação da técnica em soros de animais naturalmente infectados. A aplicação de *anti-Fasciola* IgG pAb como anticorpo de captura de antigénio foi avaliada através do revestimento de uma placa ELISA com várias concentrações de *anti-Fasciola* IgG pAb purificado (2,5, 5, 10, 20 e 40µg/ml) em tampão de revestimento de carbonato 0,01M. O teste foi realizado utilizando uma concentração de antigénio *Fasciola* Pmy (10µg/ml). Foram avaliadas diferentes concentrações de pAb de coelho *anti-Fasciola* IgG conjugado com HRP (5, 10, 25, 50 e 100µg/ml).

Verificou-se que as concentrações óptimas de revestimento e conjugado de pAb eram 10µg/ml e 25µg/ml, respetivamente, contra *F. gigantica* Pmy. As concentrações escolhidas foram determinadas após a subtração das leituras de fundo. Ambas as concentrações foram escolhidas como diluições de trabalho para ensaios subsequentes.

7. Curva padrão para a estimativa de *F. gigantica* Pmy por ELISA Sanduíche

O teste ELISA em sanduíche foi realizado em condições óptimas após padronização. A placa foi revestida com 20 µg/ml de IgG pAb *anti-Fasciola* em tampão de carbonato 0,06 M. As diluições do antigénio *F. gigantica* Pmy de 0,05 a 10µg/ml foram seguidas da adição de *anti-Fasciola* IgG pAb conjugado com peroxidase. A curva padrão de ligação do antigénio *de F. gigantica* Pmy foi o resultado do traçado de várias concentrações de *F. gigantica* Pmy contra as leituras de DO correspondentes. O limite inferior de deteção do ensaio foi de 0,5 µg/ml (Fig. 6).

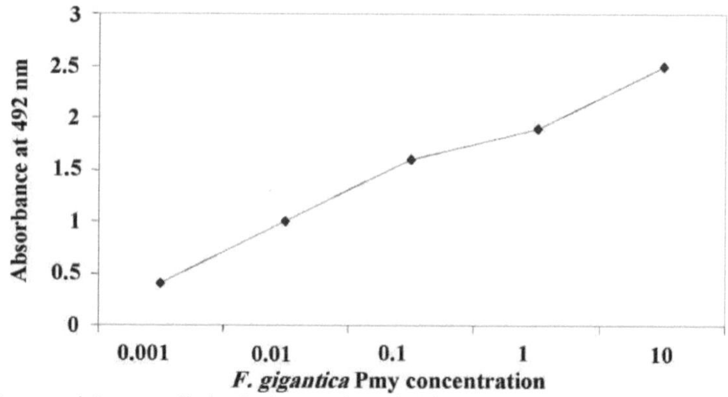

Figura 6: Curva padrão para o limite de deteção do antigénio Pmy *de F. gigantica* utilizando pAb IgG

8. Estudo da população

8.1. Exame parasitológico das fezes

De acordo com os exames médicos efectuados durante o abate, 75 animais foram positivos para a presença de vermes *Fasciola*. Mas, de acordo com a análise das fezes pelo método MIFC e pela técnica quantitativa de Kato Katz, apenas 50 animais (66,66%) eram verdadeiramente positivos e os restantes deram resultados falsos negativos (25 animais, 33,33%).

A intensidade da infeção foi estimada como o número de óvulos/3 lâminas de fezes, e calculada em gm/fezes. De acordo com a intensidade da infeção, os animais foram classificados em dois subgrupos:

- **Infeção ligeira:** incluiu 17 animais com o número de óvulos/3 lâminas de fezes a variar entre 9-40 óvulos, com uma média de 25±15,98.
- **Infeção grave:** incluiu 33 animais com uma contagem de óvulos superior a 40, com uma média de 64±18,30.

Quadro 3: Medição da intensidade da infeção por *Fasciola* em relação à contagem de óvulos

Subgrupos	Animais infectados		Percentagem (%)
	Não.	Contagem de óvulos (m±SD)	
Falso -ve	25	-	33.3
Infeção ligeira	17	25±15.98	22.6
Infeção grave	33	64±18.30	44

m±SD= média ± desvio padrão; **N.º** = número de animais.

8.2. Imunodiagnóstico de amostras de soro de controlo naturalmente infectadas e não infectadas

A Tabela (4) mostra os dados da deteção do antigénio *Fasciola* Pmy nas amostras dos diferentes grupos estudados. Os valores de corte para a positividade foram calculados como a média do controlo não infetado±2 DP e foram iguais a 0,312.

Os valores de DO do grupo de animais infectados com *Fasciola* (1,76±0,406) foram significativamente mais elevados *(P<0,00!)* do que os do grupo de controlo não infetado (0,198±0,098) e dos outros grupos infectados com parasitas.

Setenta e três casos foram detectados como amostras positivas de animais infectados com *F. gigantica* de 75 casos. Estas 2 amostras pertenciam ao subgrupo de infeção ligeira e a sensibilidade do ensaio foi de 97,33%. Todos os 30 controlos negativos se encontravam abaixo do valor de corte; enquanto que os dados de 3 dos 30 outros grupos infectados com parasitas se encontravam acima do valor de corte, o que dá uma especificidade de 95%.

Quadro 4: Deteção do antigénio *Fasciola* Pmy circulante em soros de animais naturalmente infectados

Grupo (nº de animais)	Casos positivos		Casos negativos	
	Não.	m±SD	Não.	m±SD
controlo não infetado (n=30)	-	-	30	0.198±0.098
***F. gigantica* (n=75)**	73	1.760±0.406	2	0.222±0.108
***S. mansoni* (n=10)**	1	0.398±0.137	9	0.261±0.189

Hidatide (n=10)	2	0.499±0.211	8	0.301±0.109
Ancilóstomo (n=10)	-	-	10	0.291±0.091

m= média; **DP=** desvio padrão; N.º = número de animais

O quadro (5) resume a sensibilidade e a especificidade do ELISA em sanduíche e do exame parasitológico utilizados para a deteção do antigénio *Fasciola* Pmy em amostras de animais naturalmente infectados com *Fasciola*.

Quadro 5: Percentagem de sensibilidade e especificidade do ELISA em sanduíche utilizado para a deteção do antigénio *Fasciola* Pmy em amostras de soro de animais infectados com *Fasciola*, em comparação com o exame parasitológico.

	ELISA em sanduíche	**Exame parasitológico**
Sensibilidade	97.33%	66.66%
Especificidade	95%	100%

9. Protocolo de proteção

9.1. Avaliação da eficácia da imunização *contra F. gigantica* Pmy com base em alguns critérios parasitológicos

9.2. Efeito no número médio da carga total de vermes

O número total médio de vermes nos grupos de coelhos infectados com 25 metacercárias de *F. gigantica* foi de 12±1,1. A imunização de coelhos infectados com Pmy (grupo D) estimulou uma diminuição altamente significativa *(P<0,001)* (5±1,3) no número total médio de vermes com PR de 58,40% (Tabela 6, Fig. 7).

9.3. Efeito no número médio de contagem de ovos

Quando os coelhos imunizados com Pmy foram infectados com 25 metacercárias (grupo D), o número total médio de ovos de *F. gigantica* foi registado (3255±145), mostrando uma diminuição muito significativa *(P<0,001)* do que o controlo infetado (grupo B) (8440±213) com uma RP de 61,40% (Tabela 6, Fig. 7).

Quadro 6: O efeito da imunização com Pmy na carga de vermes e na contagem de ovos na bílis de coelhos infectados com metacercárias *de F. gigantica*

Grupo de animais	**Carga de vermes (m±SD)**	**RP**	**Contagem média de ovos na bílis (m±SD)**	**RP**
B: Controlo infetado	12±1.1	-	8440 ±213	-
D: Imunizado com Pmy e infetado	5±1.3	58.4%	3255±145	61.4%

* Diferença significativa "$P<0,05$"
** Diferença altamente significativa "$P<0,01$"
*** Diferença muito significativa "$P<0,001$"

PR: redução percentual
m±SD: média ± desvio-padrão

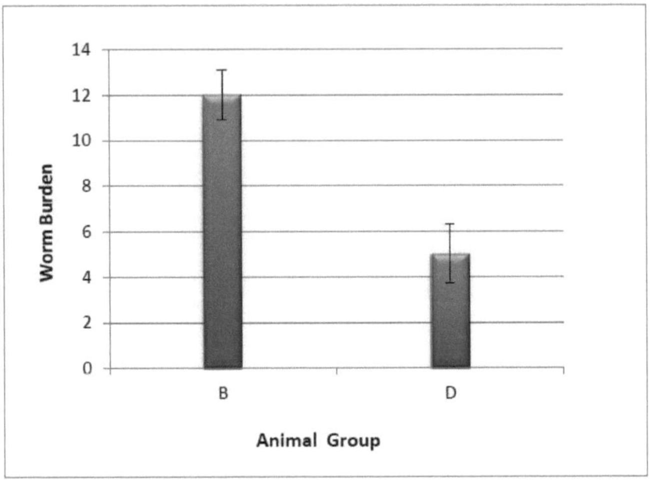

(a)

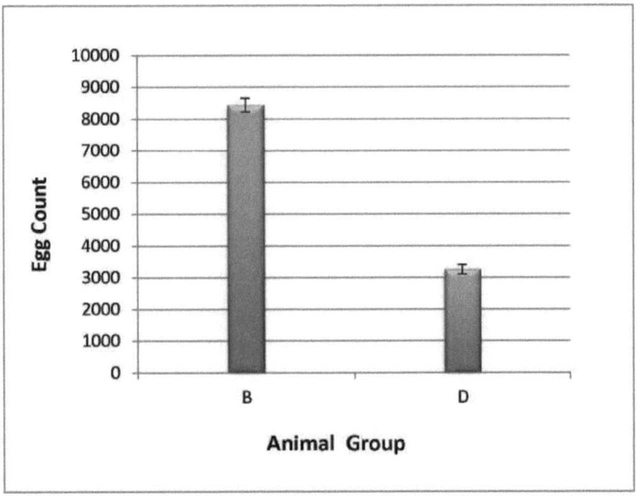

(b)

Figura 7: Efeito da imunização de coelhos com Pmy na carga de vermes (a) e na contagem de ovos na bílis (b) As colunas representam a média e as barras verticais denotam o desvio padrão da média

9.4. Critérios imunológicos

9.4.1. Efeito da Pmy nos níveis de IgM e IgG total e seus isótipos (IgG1, IgG2 e IgG4) nos soros de diferentes grupos estudados

Os níveis de IgM, IgG e isótipos (IgG1, IgG2 e IgG4) de anti-Pmy injectados em coelhos normais e infectados foram avaliados por ELISA indireto.

9.4.1.1. Nível de IgM

Os dados ilustrados na tabela (7) mostraram um aumento esperado do nível de IgM no controlo infetado (grupo B) (0,71 + 0,12) em comparação com o controlo normal (grupo A) (0,29+0,02).

A imunização de coelhos com o antigénio Pmy (grupo C) estimulou uma elevação do nível de IgM (0,83+0,14) em comparação com o seu nível normal com uma significância muito elevada *(P <0,001)*.

Após a infeção dos grupos pré-imunizados, o nível de IgM voltou a aumentar. Os coelhos imunizados com Pmy antes da infeção (grupo D) registaram um aumento significativo *(P<0,05)* do nível (0,96+0,12), que foi superior ao do nível de controlo infetado (grupo B) (Tabela 7, Fig. 8).

9.4.1.2. Nível de IgG total

Como se pode ver na tabela (7), a própria infeção causa um aumento evidente no nível de IgG total (1,14+0,12) (grupo B) quando comparado com coelhos de controlo normais não infectados (grupo A) (0,24+0,03). Os dados apresentados revelaram que a imunização com antigénio purificado de Pmy antes da infeção (grupo C) tem um efeito extraordinariamente significativo *(P<0,001)* sobre a IgG total, aumentando o seu nível para valores superiores aos do grupo de controlo normal não infetado (1,09+0,07). Por outro lado, a imunização com Pmy antes da infeção aumenta o nível de IgG no soro (1,55+0,13) (Tabela 7, Fig. 8).

9.4.1.3. Nível de IgG1

A infeção dos coelhos (grupo B) induziu uma elevação do nível de IgG1 (0,63+0,02) relativamente ao grupo dos coelhos normais (0,22+0,03). Em comparação com os coelhos normais (grupo A), a imunização com Pmy (grupo C) teve um efeito extremamente significativo na IgG1 *(P<0,01)* aumentando o seu nível para 0,76+0,12. Quando os coelhos imunizados com Pmy foram infectados com 25 metacercárias (grupo D), o IgG1 sérico registou 0,85+0,15, mostrando uma elevação altamente significativa *(P<0,01)* do que o controlo infetado (grupo B) (0,63+0,02) (Tabela 7, Fig. 8).

9.4.1.4. Nível de IgG2

Os dados indicaram que apenas a infeção causou uma elevação significativa no nível de IgG2 (0,66+0,12) em comparação com o grupo de controlo normal (0,31+0,11). O nível de IgG2 nos soros de coelhos imunizados com Pmy (grupo C) (0,91+0,13) mostrou uma elevação muito significativa *(P<0,001)* em relação aos coelhos normais (grupo A).

O nível sérico de IgG2 do grupo D registou 1,03+0,02, o que representa um aumento significativo *(P<0,05)* em relação ao nível do grupo de controlo infetado (grupo B) (0,66+0,12) (Quadro 7, Fig. 8).

9.4.I.5. Nível de IgG4

Embora o nível de IgG4 no grupo de controlo infetado tenha registado uma elevação altamente significativa *(P<0,05)* (0,77+0,06), a imunização de coelhos apenas com Pmy (grupo C) registou um aumento muito significativo *(P<0,001)* (0,97+0,021) em comparação com o grupo de controlo não infetado (0,30+0,02).

No caso do grupo D, em que os coelhos foram pré-imunizados com Pmy e depois infectados com metacercárias *de F. gigantica*, os níveis de IgG4 registaram um salto altamente significativo *(P<0,01)*, registando o nível mais elevado entre todos os grupos (1,32+0,11) em comparação com o grupo de controlo normal ou infetado (Tabela 7, Fig. 8).

Tabela 7: O efeito da imunização com Pmy nos níveis séricos de IgM, IgG total, IgG1, IgG2 e IgG4 em coelhos não infectados e infectados com metacercárias *de F. gigantica*

Grupo de animais	IgM	IgG	IgG1	IgG2	IgG4
A: controlo não infetado	0.29+0.02	0.24+0.03	0.22+0.03	0.31+0.11	0.30+0.02
B: Controlo infetado	0.71+0.12	1.14+0.12	0.63+0.02	0.66+0.12	0.77+0.06
C: Imunizado com Pmy	0.83+0.14 ***(a)	1.09+0.07 ***(a)	0.76+0.12 **(a)	0.91+0.13 ***(a)	0.97+0.21 ***(a)
D: Imunizado com Pmy e infetado	0.96+0.12 *(b)	1.55+0.13 **(b)	0.85+0.15 **(b)	1.03+0.02 *(b)	1.32+0.11 **(b)

* Diferença significativa *"P<0,05"*
** Diferença altamente significativa *"P<0,01"*
*** Diferença muito significativa *"P<0,001"*

(a) Alteração significativa em relação ao controlo não infetado
(b) Alteração significativa no que respeita ao controlo infetado
Os dados estão representados como **média±SD**

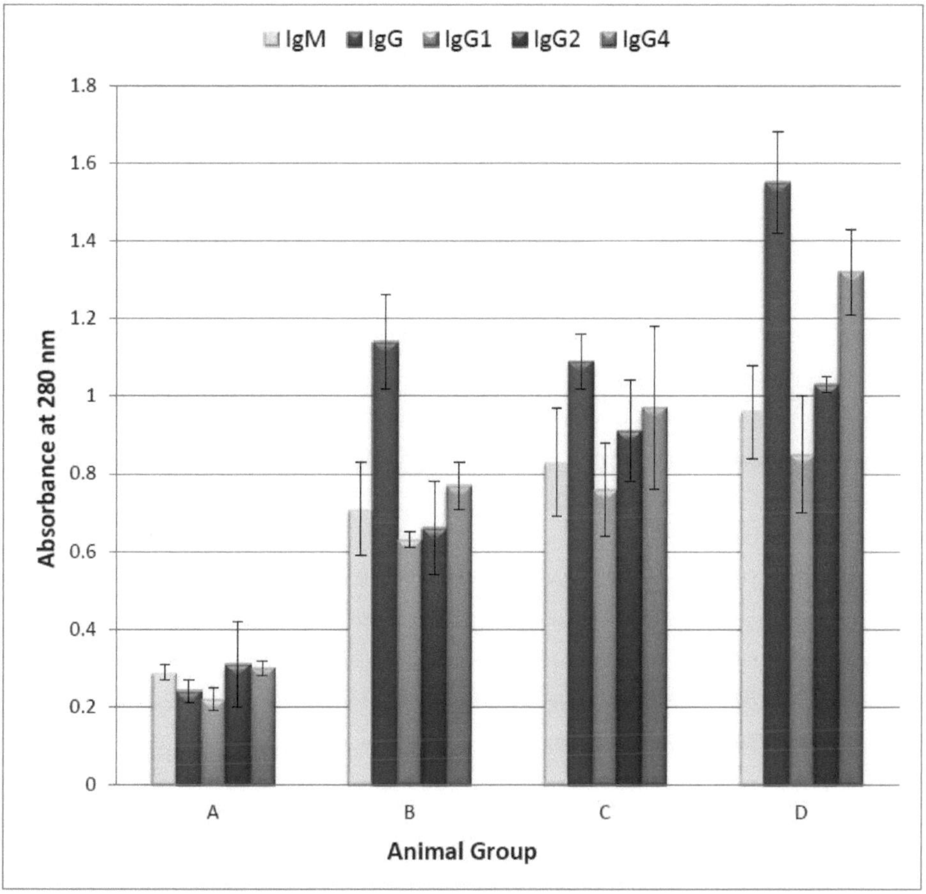

Figura 8: Efeito da imunização com Pmy no nível sérico de IgM, IgG total, IgG1, IgG2 e IgG4 em coelhos não infectados e infectados com metacercárias *de F. gigantica*

As colunas representam os níveis de Igs e as barras verticais indicam o DP em relação à média

9.4.2. Efeito da imunização com Pmy no nível de citocinas Th1 e Th2 nos soros dos diferentes grupos estudados

9.4.2.1. Nível de IL-6

A infeção por *F. gigantica* induziu uma elevação do nível de IL-6, medido no soro dos coelhos infectados (grupo B), registando 122,21+32,30, em relação aos coelhos normais (grupo A), que registaram 15,61+3,09.

Por outro lado, o nível de IL-6 nos soros de coelhos imunizados com Pmy (grupo C) foi de 55,17+6,9. Estes dados revelaram um aumento altamente significativo *(P<0,001)* em comparação com o grupo de controlo normal não infetado.

Quando os coelhos imunizados foram depois infectados com 25 metacercárias (grupo D), o nível sérico de IL-6 registou 67,81+5,32, indicando um ligeiro aumento do seu nível em relação ao grupo imunizado (grupo C) e registou uma diminuição significativa em relação ao grupo infetado (grupo B) (122,21+32,30) (Quadro 8, Fig. 9).

9.4.2.2. Nível de IL-10

Em relação aos coelhos de controlo normais (grupo A), os dados mostraram um aumento do nível de IL-10 nos animais de controlo infectados (grupo B) (91,10+7,19 e 465,63+11,34, respetivamente).

Como se mostra na Tabela (8) e na Figura (11), o nível de IL-10 mostrou um aumento muito significativo *(P<0,001)* quando os coelhos foram tratados com Pmy (144,21+12,14) em comparação com os coelhos de controlo (grupo A).

O nível máximo foi obtido em coelhos imunizados com Pmy e depois infectados (542,62+23,90), o que se revelou estatisticamente muito significativo *(P<0,01)* em comparação com o grupo de controlo infetado (Quadro 8, Fig. 9).

9.4.2.3. Nível de IL-12

Como se mostra na tabela (8), a infeção provoca um aumento do nível de IL-12 (110,54+10,51) (grupo B) em comparação com o grupo de controlo normal não infetado (grupo A) (30,17+1,29).

O presente estudo revelou que a imunização de coelhos com o antigénio Pmy purificado teve um efeito significativo *(P<0,05)*, aumentando o nível de IL-12 para 43,11+4,32. Por outro lado, a imunização com Pmy antes da infeção causou uma diminuição significativa *(P<0,01)* do nível de IL-12 no soro (61,31+14,11) em comparação com os coelhos de controlo infectados (grupo B) (110,54+10,51) (Tabela 8, Fig. 9).

9.4.2.4. Nível de TNF-a

Verificou-se um aumento do nível de TNF-α (541,61+25,32) medido em coelhos infectados com *F. gigantica* (grupo B) em comparação com o grupo de controlo normal não infetado (290,42+12,21).

O tratamento com o antigénio Pmy purificado detectou uma ligeira diminuição significativa do nível de TNF-α nos coelhos imunizados (288,32+50,20).

Do mesmo modo, a infeção após a administração da profilaxia Pmy registou uma diminuição significativa (P<0,05) do nível de TNF-α sérico (321,22+12,13) em comparação com os animais infectados (grupo B) (541,61+25,32) (Tabela 8, Fig. 9).

Tabela 8: O efeito da imunização com Pmy no nível sérico de IL-6, IL-10, IL-12 e TNF-α em coelhos infectados e não infectados com metacercárias *de F. gigantica*

Grupo de animais	IL-6 pg/ml	IL-10 pg/ml	IL-12 pg/ml	TNF-α pg/ml
A: controlo não infetado	15.61+3.09	91.10+7.19	30.17+1.29	290.42+12.21

B: Controlo infetado	122.21+32.30	465.63+11.34	110.54+10.51	541.61+25.32
C: Imunizado com Pmy	55.17+6.90 ***(a)	144.21+12.14 ***(a)	43.11+4.32 **(a)	288.32+50.20 *(a)
D: Imunizado com Pmy e infetado	67.81+5.32 ***(b)	542.62+23.90 **(b)	61.31+14.11 **(b)	321.22+12.13 *(b)

* Diferença significativa *"P<0,05"*
** Diferença altamente significativa *"P<0,01"*
*** Diferença muito significativa *"P<0,001"*

(b) Alteração significativa em relação ao controlo não infetado
(b) Alteração significativa no que respeita ao controlo infetado
Os dados estão representados como **média±SD**

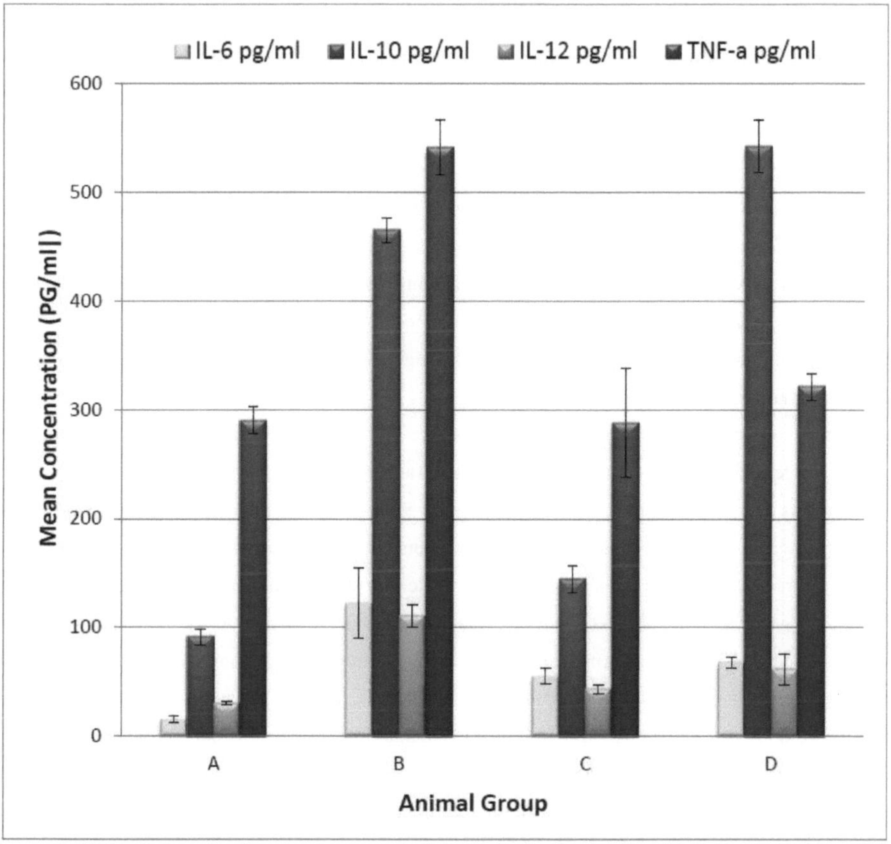

Figura 9: Efeito da imunização com Pmy no nível de produção de citocinas IL-6, IL-10, IL-12 e TNF-α em coelhos não infectados e infectados com metacercárias *de F. gigantica*

As colunas representam os níveis de citocinas e as barras verticais indicam o desvio padrão em relação à média

CAPÍTULO 4. DEBATE

A fasciolíase, uma doença parasitária infecciosa causada por *F. hepatica* ou *F. gigantica,* afecta milhões de pessoas em todo o mundo. Até 17 milhões de pessoas estão infectadas e cerca de 91,1 milhões estão em risco de infeção **(Keiser e Utzinger, 2005)**. Atualmente, a fasciolíase é reconhecida como uma doença emergente e reemergente transmitida por vectores (ungulados) com a mais ampla distribuição latitudinal, longitudinal e altitudinal conhecida para qualquer doença zoonótica. Por conseguinte, a Organização Mundial de Saúde classificou a fasciolíase como uma doença parasitária humana importante que merece atenção internacional **(Mas-Coma *et al.,* 2005)**. A maioria das pessoas afectadas por esta zoonose encontra-se na região andina da América do Sul **(Marcos *et al.,* 2008)**. Em particular, nas últimas décadas, mais de 1700 pessoas no Peru foram notificadas como infectadas por *F. hepatica* **(Marcos *et al.,* 2007)**. A fasciolíase é um importante problema de saúde pública nestas regiões e merece mais atenção **(Marcos *et al.,* 2009)**. Os seres humanos são frequentemente infectados em comunidades onde existe uma estreita interação entre humanos e ruminantes, como em algumas comunidades da América do Sul, no Egito e no Irão **(Jayaraj *et al.,* 2009)**.

O hospedeiro intermediário mais importante da *F. gigantica* é a *Lymnaea auricularia (L. auricularia').* No subcontinente indiano, *L. rufescens* e *L. acuminate* são responsáveis pela transmissão da fasciolíase e, na Malásia, *L. rubiginosa* é o hospedeiro intermediário da *Fasciola.* O caracol hospedeiro da *Fasciola* em África é o *L. natalensis.* No Egito, este caracol encontra-se em todo o Vale do Nilo **(Kendall, 1974)**. Os caracóis hospedeiros *da F. gigantica* são formas aquáticas que vivem em massas de água permanentes, bastante grandes, que contêm vegetação abundante. As águas límpidas paradas ou com pouco movimento constituem o habitat mais satisfatório.

O triclabendazol é o único fármaco eficaz contra as fases iniciais do parasita; no entanto, a resistência a este fármaco tem sido amplamente registada **(Villa-Mancera *et al.,* 2008)**. Devem ser desenvolvidas outras medidas de controlo, como o diagnóstico precoce e a vacinação, para um controlo sustentável desta doença, que será uma solução mais barata, mais eficiente e fiável a longo prazo para a prevenção da infeção e a erradicação da sua transmissão. O diagnóstico no ser humano baseia-se na deteção dos ovos caraterísticos nas fezes e nos fluidos duodenais **(Garacia, 2001)**. No entanto, os resultados negativos não excluem a infeção, especialmente em áreas endémicas ou em inquéritos de campo realizados a pessoal da comunidade agrícola exposto **(Sabry e Mohamed, 2007)**.

O tegumento da *F. gigantica* que habita a bílis é a camada de interface que ajuda o parasita a manter a sua homeostasia e a evitar o ambiente hostil, incluindo os ataques imunitários do hospedeiro. Assim, alguns estudos referem que o tegumento pode funcionar como base para o desenvolvimento de imunodiagnóstico e vacina **(Sobhon *et al.,* 1998)**.

O presente estudo foi realizado para avaliar um antigénio altamente sensível e específico (Pmy) para o diagnóstico precoce da fasciolíase e para estudar a resposta imunitária humoral e celular do antigénio Pmy com vista ao desenvolvimento de uma vacina contra esta doença. Estes objectivos foram alcançados através da deteção do antigénio Pmy em soros de bovinos naturalmente infectados, utilizando a técnica ELISA em sanduíche, e da vacinação de coelhos utilizando o Pmy para prevenir a infeção e erradicar a sua transmissão.

No presente estudo, o procedimento de purificação do antigénio foi efectuado em duas etapas: Cromatografia de troca iónica DEAE-Sephadex G-25 e G-200 **(Timanova *et al.*, 1999)**. O resultado foi um antigénio Pmy purificado com um teor de proteína igual a 2,6 mg/ml, dando antigénios puros suficientes para serem utilizados posteriormente nas experiências de proteção. O antigénio Pmy purificado apareceu como uma banda única de 97 kDa através da redução de SDS-PAGE. Os resultados foram razoáveis em comparação com o que foi feito antes do antigénio purificado de qualquer fluido biológico seguindo procedimentos de purificação semelhantes **(Cancela *et al.*, 2004)**, que purificaram, caracterizaram e imunolocalizaram a Pmy da fase adulta de *F. hepatica*.

O primeiro passo foi dado para a preparação de pAb contra o antigénio Pmy *de Fasciola* através da imunização de coelhos com antigénio Pmy purificado. O procedimento de purificação foi efectuado em duas etapas: precipitação com sulfato de amónio e tratamento com ácido caprílico. O pAb anti Fasciola preparado foi melhorado com um teor de proteína de 10 mg/ml, principalmente proteína gama. O pAb purificado apareceu como uma banda dupla de 31 e 53 kDa por redução de SDS-PAGE. Estes rendimentos foram valiosos quando comparados com os da Ig purificada seguindo procedimentos de purificação semelhantes que foram efectuados por **Perosa *et al.* (1990)**, para purificar a pAb humana utilizando a precipitação de sulfato de amónio e o tratamento com ácido caprílico. Este procedimento não cromatográfico em duas etapas foi altamente eficiente para a purificação de IgG, IgA e IgM, oferecendo assim várias vantagens em relação a outros métodos de purificação.

A atividade do pAb purificado foi detectada por ELISA indireto contra o antigénio Pmy, de acordo com o método de **Engvall e Perlmann (1971)**, com algumas modificações de **Voller *et al.* (1974)**. Verificou-se que o pAb era altamente sensível e específico e fiável para a deteção do antigénio Pmy em circulação. No presente trabalho, o pAb purificado contra *Fasciola* Pmy foi marcado com o conjugado HRP (método do periodato) **(Tijssen e Kurstak, 1984)** e utilizado como conjugado no ELISA em sanduíche para imunodiagnosticar a infeção por fasciolíase em bovinos. Estes dados foram confirmados por **El-Amir *et al.* (2008b)**, que marcaram pAb contra antigénios excretores-secretores *de Fasciola* (E/S) e o utilizaram para demonstrar a presença de epítopos altamente reactivos nas diferentes fases do ciclo de vida de *F. gigantica,* bem como nos diferentes órgãos e PBMNCs de bovinos naturalmente infectados.

Estudos recentes sobre a fasciolíase centraram-se na importância do teste ELISA no diagnóstico da fasciolíase animal e este torna-se o teste mais utilizado, devido à sua simplicidade, fiabilidade e fácil mecanização **(Awad *et al.*, 2009)**.

A padronização do ELISA em sanduíche mostrou que, embora a concentração óptima de revestimento com pAb purificado fosse de apenas 10 µg/ml de proteína/poço e a concentração óptima de trabalho de pAb *anti-Fasciola* Pmy conjugado com peroxidase fosse de 25µg/ml, são suficientemente eficazes, indicando uma avaliação ideal e perfeita das técnicas de purificação. Para estabelecer a sensibilidade e a linearidade do ensaio, foi traçada uma curva padrão utilizando o antigénio *de Fasciola* Pmy em concentrações de 0,001-10μg/ml. O limite de deteção inferior do ensaio foi de 2,5 μg/ml de antigénio *de Fasciola* Pmy, o que detectou uma elevada eficácia da técnica ELISA neste estudo. Estes dados foram confirmados **por El-Amir *et al.* (2008a)**, que avaliaram o potencial de diagnóstico de diferentes técnicas imunológicas utilizando *antigénios E/S de F. gigantica* em ovinos, onde a normalização do ELISA em sanduíche mostrou que a concentração óptima de revestimento com pAb purificado era de 20 mg/dl de proteína/poço e a concentração óptima de trabalho de pAb anti-E/S *de Fasciola* conjugado com peroxidase era de 10 mg/dl. Ao mesmo tempo, foram estabelecidas a sensibilidade e a linearidade para a curva padrão do ensaio, utilizando antigénios E/S *de Fasciola* a uma concentração de 0,01-30 μg/ml. O limite inferior de deteção do ensaio foi de 0,3 μg/ml de antigénios E/S *de Fasciola.*

Foi efectuado um exame parasitológico convencional para detetar os ovos *de Fasciola* nas amostras de fezes de bovinos naturalmente infectados. **Levine *et al.* (1980)** registaram a presença de ovos de *F. hepatica* em amostras de fezes de ratos com 6 semanas e de coelhos com 8 semanas de idade.

No presente estudo, 135 amostras de sangue de bovinos foram recolhidas para a experiência após a deteção de vermes adultos no fígado dissecado de bovinos naturalmente infectados. Foram classificadas de acordo com o exame clínico em três grupos principais: fasciolíase (75), controlo saudável (30) e outros parasitas (30). O grupo da fasciolíase foi classificado, de acordo com as investigações parasitológicas (contagem de ovos/g), em dois graus de intensidade de infeção: infeção pesada (33) (64 epg) e infeção ligeira (17) (25 epg), enquanto 25 animais deram resultados falsos negativos.

O grupo de outros parasitas infectados foi classificado em grupo de esquistossomose (10), grupo de hidátide (10) e grupo de ancilostomíase (10).

Rabia *et al.* (2010) recolheram 152 amostras de fezes de ovelhas após o abate e, em seguida, realizaram as técnicas de concentração de Kato-Katz e de sedimentação de Formal-Ether para todas as amostras de fezes, a fim de identificar ovos *de Fasciola* ou outros óvulos helmínticos. Foram detectados ovos *de Fasciola* em 78 ovelhas (80,62%) com cargas de ovos que variavam entre 18-80 ovos/gm de fezes, enquanto outros parasitas, incluindo a esquistossomose, a equinococose, a ancilostomíase e a ascaríase, foram detectados em 30 ovelhas. Além disso, **El-Aziz *et al.* (2001)** recolheram 200 amostras de sangue e fezes de 114 búfalos egípcios, 68 bovinos de raças autóctones e 18 bovinos importados, que foram examinados parasitologicamente para detetar a infeção por *Fasciola.* O resultado revelou que 38 (33,33%) búfalos e 18 (26,50%) bovinos de raças autóctones eram positivos, enquanto todos os bovinos importados estavam isentos de *Fasciola.*

Foram identificados vários antigénios *de F. gigantica* com potencial de imunodiagnóstico em preparações de vermes e dos seus produtos E/S **(Espino e Finaly, 1994)**. A maioria das proteínas antigénicas derivadas da membrana superficial e do tegumento são de 97, 66, 58, 54, 47 e 14 kDa. Enquanto que as libertadas do ceco são de 27 e 26 kDa. Estas proteínas antigénicas incluem enzimas antioxidantes, GST, FABP, proteínas da membrana, hemoproteínas e CP, bem como a proteína muscular Pmy **(Farahnak *et al.*, 2010)**, que podem servir de base para o desenvolvimento de imunodiagnóstico e vacinas.

Foi desenvolvido um ELISA em sanduíche baseado em mAb para a deteção do antigénio tegumentar de 28,5 kDa circulante em soros de ratinhos infectados com *F. gigantica*. O ELISA em sanduíche apresentou uma sensibilidade e especificidade de 94,55% e 100%, respetivamente. Assim, este método de deteção apresentou uma especificidade e sensibilidade elevadas, podendo ser utilizado para o diagnóstico precoce da fasciolíase por *F. gigantica* **(Anuracpreeda *et al.*, 2009)**. E isto também está de acordo com **Hammouda *et al.* (1997)**, que avaliaram a cura da fasciolíase humana após o tratamento com triclabendazol através da deteção de antigénios *de F.*, utilizando um ELISA em sanduíche de anticorpos duplos modificado, os resultados mostraram que os antigénios foram detectados no soro de todos os casos estudados antes do tratamento, enquanto não foram detectados antigénios seis meses após o tratamento. Estes resultados sugerem que a deteção de antigénios constitui uma ferramenta precisa para o diagnóstico, bem como para a avaliação da cura. O objetivo do presente estudo foi desenvolver um antigénio de diagnóstico para a fasciolíase precoce, o que será conseguido através da deteção do antigénio Pmy utilizando o ELISA em sanduíche.

No presente estudo, os resultados não foram expressos em títulos, mas sim em valores O.D das leituras dos ensaios ELISA. Este facto tem a vantagem de reduzir os custos e a quantidade de trabalho ao testar amostras de soro não diluídas.

No presente estudo, o ELISA em sanduíche foi utilizado para a deteção da Pmy circulante nos soros de cada grupo parasitário; fasciolíase, outros parasitas e controlo saudável, relativamente à sensibilidade e especificidade da técnica.

No grupo de fasciolíase incluído no presente estudo, a sensibilidade do ELISA em sanduíche para a deteção do antigénio Pmy no soro foi de 97,33%, enquanto a especificidade foi de 95%, em comparação com o exame parasitológico, que deu 66,66% de sensibilidade e 100% de especificidade. Estes resultados indicam que o ELISA em sanduíche é um método altamente sensível e específico para o imunodiagnóstico da fasciolíase. A importância deste facto é que, do ponto de vista clínico, é vital diagnosticar a fasciolíase o mais cedo possível para evitar todas as complicações desta doença. Isto está de acordo com **EL Ridi *et al.* (2007)**, que referiram que *o F. gigantica* E/S pode ser utilizado para o imunodiagnóstico e a prevenção da fasciolíase ovina. Foram observadas nove bandas, as mais proeminentes das quais eram 62-60, 40, 30 e 28 kDa. Os dados indicaram que o ELISA indireto baseado em E/S atingiu 100% de sensibilidade e especificidade no imunodiagnóstico da fasciolíase ovina. Além disso, **Kumar *et al.* (2008)** avaliaram a glicoproteína de 27 kDa do antigénio somático de *F. gigantica* como um potencial candidato para a deteção da infeção por *F. gigantica* em búfalos através de ELISA indireto, tendo-se verificado que a sensibilidade de 27 kDa era de 81 %, enquanto a especificidade era de 97-98 % na deteção de infecções *por F. gigantica* e *F. hepatica*.

No presente estudo, foi revelado um grau de reatividade cruzada entre o antigénio Pmy *de F. gigantica* e outros parasitas com graus variáveis, principalmente a esquistossomose e a hidatidose, em que a reatividade cruzada é considerável. Isto está de acordo com **Hassan *et al.* (1995)**, que referiram que os antigénios de reatividade cruzada eram partilhados entre *a Fasciola* e muitos parasitas, nomeadamente a esquistossomose e a equinococose, bem como a hidatidose **(Dalimi *et al.*, 2004).**

Numerosos estudos avaliaram diferentes preparações antigénicas e diversos testes serológicos para o imunodiagnóstico da fasciolíase. No entanto, foi comunicada uma reatividade cruzada extensa entre o extrato bruto *de F. hepatica* e os soros de animais infectados com outros parasitas, em especial *Schistosoma*, que é predominante no Egito, mas a purificação parcial dos antigénios brutos *de Fasciola* provou ser um método adequado para evitar a reatividade cruzada quando se utilizam as técnicas ELISA, CIEP ou IHA **(Khalil *et al.*, 1990)**.

No presente estudo, a deteção do antigénio Pmy em soros de bovinos naturalmente infectados por ELISA em sanduíche demonstrou que as leituras médias mais elevadas de DO aumentaram com o grau de infeção, de ligeira a grave. Noutros grupos de parasitas, as leituras mais elevadas foram observadas com a *hidátide*, 2 casos em 10, seguidas de *Schistosoma*, 1 caso em 10, enquanto não existe reatividade cruzada com *ancilostomídeos*. Os dados do presente estudo revelaram que o ELISA em sanduíche é uma técnica adequada para o diagnóstico de infecções por fasciolíase, evitando a reatividade cruzada com outros parasitas através da deteção do antigénio Pmy circulante no soro.

O próximo objetivo deste estudo é programar a nossa estratégia de proteção, em que os coelhos foram divididos em quatro grupos: grupo normal (não infetado ou imunizado), grupo de controlo infetado, grupo imunizado com Pmy (os coelhos foram injectados com Pmy no adjuvante de Freund), grupo imunizado com Pmy e grupo infetado. Oito semanas mais tarde, todos os grupos de coelhos foram sacrificados e todos os parâmetros parasitológicos e imunológicos foram analisados.

Os resultados demonstram claramente que o *F. gigantica* Pmy teve um forte efeito imunoprofilático contra o *F. gigantica* em coelhos. Os efeitos protectores foram evidenciados por reduções na carga média de vermes e na contagem de ovos no grupo imunizado infetado, em comparação com o grupo de controlo infetado.

As imunizações múltiplas de coelhos com Pmy registaram uma redução significativa elevada da carga de vermes (58,4%). Uma redução no número de vermes é o padrão de ouro para o desenvolvimento da vacina anti-F. *gigantica*, uma vez que também teve um efeito adverso na contagem de ovos no fígado, o que resulta num menor número de ovos recuperados do fígado. A administração de Pmy resulta numa diminuição significativa muito elevada da contagem de ovos (61,4%). Os nossos resultados estão de acordo com os relatados por **Piacenza *et al.* (1999)**, que observaram que a imunização de ovinos com CL1 ou CL2 nativas contra a *F. hepatica* provocou níveis de proteção de 33% e 34%, medidos pela redução da carga de vermes, e de 71% e 81%, pela redução da produção de ovos, respetivamente, enquanto um cocktail de CP nativas (CL1 e CL2) induziu uma redução de 60% da carga de vermes. **Gobert e McManus (2005)** analisaram que os primeiros estudos de vacinação com Pmy contra a infeção por *Schistosoma* podem levar a uma redução impressionante da carga de vermes *de S. japonicum* (estirpe das Filipinas) (RP média de 72,6%) em ratos imunizados com Pmy purificada de vermes adultos. Além disso, **Chen *et al.* (2000)** referiram que clonaram o cDNA completo da Pmy *de S. japonicum* para gerar uma vacina recombinante. A imunização com esta vacina recombinante reduziu a carga de vermes em 50-60%

após o desafio da infeção em suínos. **Jiz *et al.* (2008)** afirmaram que os estudos de imunização murina utilizando tanto a Pmy bioquimicamente purificada como a Pmy recombinante de *S. japonica* e *S. mansoni* demonstraram consistentemente uma proteção significativa contra a infeção por desafio. Estudos com *S. mansoni* demonstraram uma redução de 24 a 56% na carga de vermes, enquanto a proteção contra *S. japonicum* variou de 32 a 86%. A proteção máxima de 62 a 86% contra *S. japonicum* foi observada utilizando Pmy bioquimicamente purificado seguido de um desafio com a estirpe filipina de *S. japonicum.* Em contraste, dados relatados por **Muro *et al.* (1997)**, que testaram a eficácia da rFABP de *F. hepatica* como vacina em coelhos, mas a RP na carga de vermes não foi significativa (11-17%) e foi menor do que a provocada pelas moléculas nativas. Do mesmo modo, foi observada uma redução baixa mas significativa (31%) na carga de vermes e uma redução de 36% no peso húmido dos vermes em bovinos vacinados com FABP nativa em CFA; no entanto, com rFABP. Esta redução na carga de vermes foi de 1% e 11% (em CFA e Quil A, respetivamente) **(Estuningsih *et al.*, 1997)**. **Ramajo *et al.* (2001)** não encontraram nenhuma redução na carga de vermes em ovelhas vacinadas com rFABP e FABP nativo, mas houve uma redução significativa no tamanho dos vermes e na contagem de ovos fecais, sugerindo um efeito anti-fecundidade da vacina. **Raina *et al.* (2004)** também referiram que a estimulação antigénica pelo FABP do parasita no hospedeiro durante o curso da infeção experimental/natural pode não ser suficiente para evocar um nível detetável de anticorpos no ELISA e no WB, sugerindo assim que o FABP, enquanto tal, é um antigénio fraco. Além disso, não é gerada uma resposta humoral significativa contra o FABP *de F. gigantica* em ovinos, bovinos e búfalos.

Verificou-se que as proteases CL derivadas de E/S provocam uma diminuição da carga e/ou maturidade dos vermes *de F. hepatica* em ovinos **(Villa-Mancera *et al.*, 2008)**. No entanto, a imunização de ovinos com peptídeo derivado de CL proteinase levou a uma diminuição significativa no número de vermes *de F. gigantica*, mas não influenciou o tamanho dos vermes recuperados **(Jezek *et al.*, 2007)**. Por outro lado, a capacidade protetora da E/S pode estar relacionada com o seu conteúdo de GST e FABP, os principais antigénios candidatos a vacinas contra a fasciolíase **(McManus e Dalton, 2006)**.

Foram observados aspectos benéficos adicionais da proteção induzida pelas vacinas CL. Em primeiro lugar, em todos os ensaios de vacinas, a proporção de vermes do fígado que não se desenvolveram até à maturidade foi maior nos controlos vacinados do que nos não vacinados. Consequentemente, os danos no fígado do hospedeiro durante a infeção aguda foram significativamente reduzidos. Em segundo lugar, a vacinação de ovinos e bovinos também provocou uma redução altamente significativa (50-98%) da capacidade do parasita de produzir ovos, e os ovos que foram sintetizados apresentaram "taxas de eclosão" reduzidas **(Mulcahy *et al.*, 1998)**. As implicações destes resultados são que, ao reduzir a carga parasitária do hospedeiro e, ao mesmo tempo, bloquear a síntese de ovos viáveis pelos parasitas que sobrevivem nos animais vacinados, a vacina teria um efeito profundo na contaminação das pastagens e, consequentemente, na transmissão da doença **(Dalton *et al.*, 2003)**.

Os dados apresentados indicam obviamente que o nível total de IgG aumentou com a infeção e durante a imunização com o antigénio Pmy em comparação com os grupos de controlo. Por outro lado, o nível de

IgM foi afetado pela infeção e todos os outros tratamentos estão próximos dos grupos infectados. Além disso, o nível de IgG foi muito mais elevado do que o de IgM. Assim, pode concluir-se que a IgG desempenha um papel proeminente no combate à infeção, enquanto a IgM não foi tão eficaz.

A resposta dos isótipos de Ig entre os animais imunizados com Pmy mostra uma série de diferenças. A imunização com Pmy registou um aumento altamente significativo de todos os isótipos de Ig. No entanto, no caso da imunização com Pmy seguida de infeção, a Pmy foi menos potente na elevação dos isótipos de Ig do que a imunização apenas sem infeção.

Bossaert *et al.* (2000) também descobriram que a IgG1 era significativamente mais alta em bezerros infectados com *F. hepatica* em uma única dose de produtos E/S em comparação com a IgG2. **Mulcahy *et al.* (1998)** nos seus estudos de imunização de bovinos contra *F. hepatica* descobriram que uma elevação do nível de IgG2 estava associada à proteção. Por conseguinte, é concebível que a IgG2 forte e tardia encontrada neste estudo coloque os bovinos em melhor posição para eliminar a fascíola hepática do que os ovinos com IgG2 precoce e fraca. No entanto, é necessário realizar mais trabalhos para examinar a contribuição da IgG2 para a proteção contra a fascíola hepática.

Os nossos resultados sugerem uma predominância dos isótipos IgG2 e IgG4 em relação aos isótipos IgG1. Este achado está correlacionado com uma predominância de Igs do tipo IgG2 específicas para antigénios *de Fasciola spp.* em diferentes momentos da PI. Isto é principalmente caraterístico da resposta do tipo 1, o que está de acordo com os resultados de outros investigadores. As respostas de anticorpos em ratos na fase aguda e crónica (1-21 semanas) da doença mostram uma predominância acentuada de isótipos IgG1 sobre IgG2a. Durante a PI de 1st semana, a IgG1 aumenta rapidamente, enquanto a IgG2a aumenta lentamente e atinge os valores mais elevados na PI de 5-7 semanas **(Girones *et al.*, 2007)**. **Phiri *et al.* (2006)** sugeriram que estes antigénios E/S podem estimular preferencialmente uma resposta de subconjunto de células T Th2. A resposta tardia de IgG2 aos produtos de E/S *de F. hepatica* e *F. gigantica* em bovinos pode indicar uma estimulação tardia do subconjunto de células T Th1. **Moreau *et al.* (1998)** demonstraram anteriormente que a resposta de IgG2 a uma vacina contra a LC está correlacionada com a redução da carga de vermes em bovinos vacinados, o que implica um papel protetor deste isótipo contra a *F. hepatica.* Estas observações levantam a perspetiva interessante de que os parasitas *de Fasciola* produzem um fator (s) que pode suprimir as respostas de IgG2 **(Valero *et al.*, 2009)**.

Os seres humanos infectados com *F. hepatica* desenvolvem anticorpos específicos da classe IgM, IgA, IgE e IgG. **De Jesus *et al.* 2000** relataram que foram avaliadas as respostas imunológicas naturais aos antigénios *de S. mansoni* Pmy, IrV-5, Sm-23 (MAP-3) e isomerase de fosfato de triose (MAP-4). Foram observadas correlações diretas entre os níveis de infeção (número de epg de fezes) e os níveis de IgG1 e IgG4 específicos para SWA e Pmy, sugerindo que estes isótipos são marcadores de níveis elevados de infeção, enquanto as pessoas com níveis de infeção mais baixos produziram níveis mais elevados de IgG2 específicos para estes antigénios. Os dados sugeriram que talvez fosse necessária uma vacina que induzisse respostas do tipo Thl e Th2 para alcançar níveis mais elevados de proteção.

Nara *et al.* (2007) sugeriram que, IgM, IgG2 e IgG4 iniciaram a morte de vermes adultos da esquistossomose por ADCC, o que significa que provocam um mecanismo imunitário efector.

Naus *et al.* (1999) identificaram a influência de factores do hospedeiro e do parasita que dão origem a perfis de isótipos de anticorpos caraterísticos com a idade observados em populações humanas que vivem em diferentes áreas de endemicidade da esquistossomose. A população imigrante, à medida que adquiria a infeção pela primeira vez na área do Quénia, favorecia fortemente as respostas IgG3 contra o parasita, enquanto as respostas de isótipos de anticorpos associadas à suscetibilidade humana à reinfeção após a quimioterapia eram elevadas nas pessoas que sofriam de infecções de alta intensidade (infectadas cronicamente) (respostas IgG4 contra antigénios de vermes e ovos) ou eram respostas caraterísticas de crianças pequenas, independentemente da intensidade ou duração da infeção (respostas IgG2 contra antigénio de ovos).

Os nossos resultados estão de acordo com os de **Zhou *et al.* (2000)**, que demonstraram que o pCMVSjc97 provocou muito mais anticorpos IgG2a e IgG2b do que IgG1, ao passo que em ratinhos imunizados com a proteína Sjp97 recombinante, a IgG1 foi a subclasse de IgG dominante. Além disso, a análise dos padrões de produção de citocinas revelou perfis de produção de IFN-γ e IL-2 de alto nível por esplenócitos estimulados por antigénio de ratinhos C57BL/6 inoculados com pCMV-Sjc97. É consensual que as subclasses de IgG de IgG2a e IgG2b e o padrão de citocinas de IFN-γ e IL-2 são indicativos de respostas do tipo Th1. Assim, o perfil das respostas imunitárias induzidas em ratinhos C57BL/6 pela vacina de ácido nucleico Sjc97 é do tipo Th1. Foi provado que uma resposta imune do tipo Th1 gerada por Sm97 é crítica no mecanismo de proteção contra a esquistossomose. Além disso, **Vazquez-Talavera *et al.* (2001b)** utilizaram *T. solium* Pmy como vacina candidata para conferir proteção contra a cisticercose em modelo murino; verificou-se que o isótipo de anticorpo predominante era a subclasse IgG1 que revela a produção de IFN-γ e IL-2, sugerindo um perfil do tipo Th1.

Lopez-Moreno *et al.* (2003), identificaram epítopos de células T $CD4^+$ de *T. solium* Pmy, e verificaram que a resposta imunitária para o péptido 176 de TPmy (Tp176) é uma resposta Th1, em que a IgG2a aumentou no soro de ratinhos BALB/c imunizados.

Em contraste, **Zhao *et al.* (2007)** estudaram a resposta imunológica da Pmy em *Paragonimus westermani* (Pw), onde os isótipos de anticorpos predominantes contra a PwPmy recombinante (rPwPmy) foram as subclasses IgG1 e IgG4, sugerindo que durante as infecções crónicas por helmintas é evocada uma resposta imunitária Th2. Além disso, **Garcia *et al.* (2008)** identificaram os epítopos Sm14 e Pmy que são reconhecidos pelas células T de indivíduos resistentes que vivem em áreas endémicas para a esquistossomose, tendo-se verificado que a proteção estava associada a uma resposta imunitária do tipo Th1 induzida pela imunização com o péptido Sm14, enquanto a resposta imunitária induzida pelo péptido Pmy estava associada a uma resposta imunitária do tipo Th2.

As respostas de Ig de humanos infectados com fasciolose hepática a antigénios E/S e a uma CP de fasciolose, CL1, mostraram que os isótipos predominantes provocados pela infeção foram IgG1 e IgG4, sugerindo uma resposta imunitária Th2 **(O'Neill *et al.*, 1998)**. A análise das respostas de anticorpos IgG1 específicos das proteases da CL em bovinos infectados revelou que estes anticorpos não aparecem no soro até 4 ou 5 semanas após a infeção. Além disso, os animais que receberam uma segunda infeção 4 semanas após a infeção primária não apresentaram qualquer reforço das respostas imunitárias às proteases da CL. É evidente, portanto, que as CL não são altamente imunogénicas nas fases iniciais da infeção, pelo que, nesta fase, podem ser consideradas "antigénios ocultos". Esta pode ser uma estratégia importante utilizada pelo parasita para evitar a produção de anticorpos contra moléculas críticas **(Mulcahy *et al.*, 1998)**. Embora as isoformas extramusculares de Pmy existam nas fases larvares de *S. japonica* **(Cancela *et al.*, 2004)**, o trabalho com modelos animais e humanos tem apoiado fortemente a Pmy como principal candidato a vacina para *S. mansoni e S. japonicum* **(Jiz *et al.*, 2008)**.

A resposta imunitária humana a infecções parasitárias apresenta diferentes distribuições de anticorpos da subclasse IgG em diferentes grupos infectados **(Dunne., 1990; Maizels *et al.*, 1995)**. O contexto genético do indivíduo infetado e as propriedades intrínsecas do próprio antigénio e/ou das citocinas definidas desempenham um papel na determinação da subclasse principal da resposta de anticorpos. Este estudo demonstrou o papel proeminente do anticorpo IgG4 específico na fasciolíase humana causada por *F. gigantica.* Foi sugerido que os anticorpos IgG4 são especialmente proeminentes na resposta IgG total quando a exposição antigénica é crónica ou associada a uma resposta de células Th tipo 2 **(Garraud *et al.*, 2003; Wongkham *et al.*, 2005)**.

Por outro lado, os resultados desta tese demonstram claramente que a imunização com Pmy eleva a secreção de citocinas do tipo 1 (IL-6, IL-12 e TNF-a) e do tipo 2 (níveis de IL-10) em relação ao grupo de controlo normal. A administração de Pmy induz um aumento significativo elevado de IL-6 e IL-10, enquanto que um aumento significativo do nível de IL-12 e TNF-α nos grupos imunizados com predominância de IL-10. Em contrapartida, verifica-se uma supressão do nível de todas as citocinas nos coelhos imunizados com Pmy e nos grupos infectados, exceto a IL-10, que foi mais elevada do que no grupo de controlo infetado. Assim, pode colocar-se a hipótese de que a Pmy foi potente no aumento dos níveis de todas as citocinas estudadas, exceto a IL-6, antes da infeção. Por outro lado, a infeção após a imunização com Pmy provocou uma diminuição de todas as citocinas, exceto a IL-10, que permaneceu ligeiramente mas significativamente elevada.

Os dados apresentados neste estudo são apoiados pela ideia de **Elizabeth e Molina (2005)**, que observaram que os bovinos e búfalos infectados com *F. gigantica* tinham uma resposta Th2 predominante que começava no início da infeção. A produção de IL-6 nestes animais parece ter influenciado o início e a manutenção da resposta imunitária do tipo 2, regulando assim em baixa a resposta Th1. A IL-6 e a IL-8 (em búfalos) durante a infeção com *F. gigantica* podem, assim, ser capazes de exercer um efeito citotóxico contra a verme.

Foi demonstrado que a IL-6 e a IL-8 estão envolvidas na ADCC que envolve neutrófilos. Na fasciolíase, a ADCC tem sido considerada como um mecanismo pelo qual os vermes são destruídos, com a ativação de neutrófilos, macrófagos, Eo e mastócitos por várias citocinas **(Hansen *et al.*, 1999; Piedrafita *et al.*, 2007)**. Por conseguinte, os bovinos, búfalos e ovinos, ao produzirem IL-4, IL-6 e IL-8 durante a infeção com *F. gigantica*, podem ser capazes de exercer um efeito citotóxico contra os vermes.

Em alguns dos ratos infectados, o TNF-a também aumentou às 10 semanas de IP, o que não corresponde a uma resposta Th2 típica. O TNF-α está implicado na regulação das respostas Th2 noutras infecções por helmintas, aparentemente regulando a expulsão dos vermes. Além disso, a IL-4 e a IL-10 podem atuar de forma sinérgica, inibindo a produção de óxidos de azoto reactivos, que aumentam a produção de IL-12 e as respostas inflamatórias **(Girones *et al.*, 2007)**.

Mais recentemente, contudo, propusemos que os CLs segregados podem estar envolvidos na supressão e/ou modulação das respostas imunitárias Thl e na indução de respostas Th2 não protectoras do hospedeiro **(Dixit *et al.*, 2008)**. Uma análise da produção de citocinas por células do baço estimuladas por antigénio de ratinhos infectados com *F. hepatica* mostrou que estas são predominantemente do tipo Th2, ou seja, produção de IL-4, IL-5 e IL-10, mas pouco ou nenhum IFN-γ **(O'Neill *et al.*, 2000)**. Isto é consistente com observações imunológicas em bovinos que mostram que, nas fases iniciais das infecções, são observadas respostas mistas Th1/Th2, mas à medida que a infeção progride, predomina uma resposta Th2 **(Mulcahy *et al.*, 1999)**.

Em conclusão, estes estudos provaram que *a F. gigantica* Pmy heteróloga nativa fornece significativamente um diagnóstico precoce da fasciolíase em bovinos naturalmente infectados e protege os coelhos contra a infeção por *F. gigantica*. O diagnóstico precoce utilizando a técnica ELISA em sanduíche é uma técnica de imunodiagnóstico de rastreio altamente sensível e específica do que o exame parasitológico, enquanto as imunizações múltiplas com *F. gigantica* Pmy nativa no adjuvante de Freund resultaram numa redução significativa elevada da carga média de vermes e da contagem de ovos no fígado e provocaram um aumento significativo elevado dos anticorpos IgM e IgG e, mais especificamente, dos isótipos IgG1, IgG2 e IgG4, com predominância do isótipo IgG4. Estes dados sugerem que o efeito imunoprofilático da *F. gigantica* Pmy nativa é mediado por uma resposta mista Th1/Th2, o que indica um reforço da resposta imunitária contra a infeção por fasciolíase.

CAPÍTULO 5. RESUMO

A fasciolíase é considerada como uma das doenças helmínticas parasitárias mais importantes em muitos países em desenvolvimento, incluindo o Egito. Estudos efectuados em algumas aldeias do delta revelaram taxas de prevalência que variam entre 2% e 17%. O número de casos infectados ascende a 830.000 indivíduos **(OMS, 1995)**. Pensa-se que a prevalência é mais elevada do que os casos registados.

Os métodos de controlo actuais, baseados em medicamentos flukicidas, estão a tornar-se menos úteis devido à resistência da população de vermes, pelo que o diagnóstico precoce e a vacinação (profilaxia) seriam uma alternativa viável.

Ao longo dos anos, foram desenvolvidas muitas técnicas imunológicas para o diagnóstico da infeção parasitária e para substituir as técnicas parasitológicas, que consomem muito tempo e, normalmente, carecem de sensibilidade e reprodutibilidade, com a possibilidade de se falhar o diagnóstico. Além disso, ainda não foi comercializada nenhuma vacina para proteger os ruminantes contra a infeção por fasciolose hepática.

O objetivo deste estudo é avaliar um protocolo de imunodiagnóstico precoce utilizando o ELISA e os seus diferentes sistemas de modificação, que são uma grande promessa para aplicação numa grande variedade de condições para várias infecções parasitárias. Por outro lado, o estudo da resposta imunitária humoral e celular ao antigénio Pmy *de F. gigantica*, isolado do homogenato de vermes adultos.

No início, o antigénio Pmy foi detectado em soros de bovinos utilizando o método ELISA em sanduíche, para avaliar o desempenho do antigénio Pmy no diagnóstico.

Este trabalho foi realizado em 135 amostras de sangue de bovinos, que foram classificadas de acordo com a investigação parasitológica em grupos de fasciolíase (75), controlo saudável (30) e outros parasitas (30). O grupo da fasciolíase foi ainda classificado parasitologicamente em grupos com infeção elevada (64±18,30) e ligeira (25±15,98).

Foi utilizado o método ELISA em sanduíche para detetar o antigénio *Fasciola* Pmy no soro do grupo com fasciolíase utilizando o pAb *anti-Fasciola* Pmy, a sensibilidade da técnica foi de 97,33%, enquanto a especificidade foi de 95%, em comparação com o exame parasitológico que registou apenas 66,66% de sensibilidade e 100% de especificidade.

Neste estudo, foi observada uma correlação significativa entre o nível de antigénio Pmy circulante detectado e o número de ovos excretados nas amostras de fezes, o que denota a fiabilidade da deteção do antigénio Pmy circulante como indicação da intensidade da infeção.

O segundo passo é uma tentativa de desenvolver uma vacina adequada contra a infeção por *F. gigantica*, utilizando o antigénio Pmy de 97 kDa que foi isolado e purificado a partir do homogenato de vermes adultos do parasita por cromatografia de imunoafinidade. O processo de purificação das proteínas foi normalizado e foi alcançado um nível significativo de repetibilidade.

Para testar a potencialidade protetora do antigénio Pmy, foram padronizados parâmetros parasitológicos e imunológicos (resposta imune celular e humoral) utilizando os soros de coelhos experimentalmente não infectados e infectados. Além disso, a resposta imunitária foi avaliada utilizando os soros de campo de animais de diferentes grupos, tais como imunização com Pmy e imunizados com Pmy e infectados. Verificou-se que, na necropsia, as cargas médias de vermes e a contagem de ovos na bílis após o desafio foram significativamente reduzidas em 58,40% e 61,40%, respetivamente, nos coelhos vacinados com Pmy. Todos os coelhos infectados com *F. gigantica* apresentaram um aumento dos níveis de Igs e citocinas. Por outro lado, a imunização de coelhos com Pmy induziu uma expressão significativa de anticorpos humorais (IgM, IgG total, IgG1, IgG2 e IgG4) e diferentes citocinas (IL-6, IL-10, IL-12 e TNF-α).

Entre os isótipos de Ig, os IgG2 e IgG4 foram os mais dominantes nos coelhos imunizados com Pmy PI, registando-se um baixo nível de IgG1. A predominância de IgG2 e IgG4 sugeriu um envolvimento Th1 tardio na resposta celular do coelho. Por outro lado, o baixo nível de IgG1 sugere uma resposta Th2 à Pmy do verme adulto de *F. gigantica*. Por outro lado, entre todas as citocinas, a IL-10 foi a mais dominante nos coelhos imunizados com Pmy PI, sugerindo um aumento da resposta Th2.

A resposta Th1 foi predominante nos coelhos imunizados com Pmy PI neste estudo, caracterizada pelos níveis de produção de IgG total, IgG4 e IL-10, o que poderia ser outro mecanismo de resposta imune em coelhos infectados com *F. gigantica*, caracterizado pela resposta Th2.

A imunização com a Pmy *de F. gigantica* estimulou um aumento das respostas imunes celulares e humorais que foram associadas à redução da carga de vermes e da contagem de ovos, sugerindo assim que a imunização com a Pmy pode ser uma estratégia segura e económica para reduzir a transmissão da infeção. Além disso, a vacinação de animais de laboratório ou de grande porte com esta proteína tegumentar resultou em proteção.

A partir deste estudo, concluiu-se que o *F. gigantica* Pmy nativo é considerado um antigénio poderoso no imunodiagnóstico precoce da fasciolíase, utilizando uma técnica ELISA em sanduíche altamente sensível e específica, e um candidato relevante para a vacinação contra a fasciolíase.

REFERÊNCIAS

- **Abdel Kader A, Mostafa BB e Tantawy A. 2005.** Um estudo de campo sobre as caraterísticas da água e o seu efeito nos caracóis vectores da esquistossomose e da fasciolíase no Egito. ***J. Egypt. Ger. Soc. Zool., 48: 203-216.***

- **Abdel-Rahman S. 1996.** Imunodiagnóstico da fasciolíase através da deteção de coproantigénios. Tese de doutoramento, ***Universidade Estatal de Louisuna, Baton Rouge.***

- **Abdel-Rahman S, O'Reilly KL e Malone JB. 1999.** Caracterização bioquímica e localização de coproantigénios de diagnóstico de *Fasciola hepatica* 26-28 kDa. ***Parasite Immunol, 21: 279-286.***

- **Agarwal VK. 2003.** *Fasciola hepatica:* verme do fígado, filo platyhelminthes. In: Zoologia de Invertebrados. Agarwal VK (Ed.). Publicado por S. Chand and Company Ltd, Ram Nagar, ***Nova Deli, pp. 280-298.***

- **Allam AF, Osman MM, El-Sayed MH e Demian SR 2000.** Produção de IL1, IL-4 e níveis de IGE na fasciolíase aguda e crónica antes e depois do tratamento com triclabendazol. ***J. Egypt. Soc. Parasitol, 3: 781-790.***

- **Andrews SJ. 1999.** O ciclo de vida da *Fasciola hepatica.* In: Fasciolosis. Dalton JP (Ed.). CAB International publishing, ***Wallingford, Oxon, UK pp. 1-21.***

- **Anuracpreeda P, Wanichanon C e Sobhon P. 2009.** *Fasciola gigantica:* Imunolocalização do antigénio de 28,5 kDa no tegumento da metacercária e da fascíola juvenil. ***Exp. Parasitol, 122: 75-83.***

- **Arafa MS, Abaza SM, El-Shewy KA, Mohareb EW e El-Moamly AA. 1999.** Deteção da banda da fração proteica excretora/secretora (E/S) *específica da Fasciola* (49,5 kDa) e sua utilização no diagnóstico da fasciolíase precoce utilizando diferentes técnicas de diagnóstico. ***J. Egypt Soc. Parasitol, 29: 11-26.***

- **Armour J e Dargie J. 1974.** Imunidade à *Fasciola hepatica* no rato. Transferência bem sucedida de imunidade por células linfóides e soro. ***Exp. Parasitol, 35: 381-388.***

- **Armour J, Urqhart GM e Ductan JL. 1997.** Veterinary Parasitology, 2ª ed., Oxford: Blackwell Science Ltd. ***Oxford: Blackwell Science Ltd, 64.***

- **Arora D e Arora B. 2005.** Trematodes a flukes in: Medical parasitolgy, 2nd ed., Satich Kumar Jain para CBS Publishers & Distributors, ***New Dehli. Banalore (Índia) pp. 147.***

- **Asanji M. 1988.** O caracol hospedeiro intermediário de *Fasciola gigantica* e o comportamento dos miracídios na seleção do hospedeiro. ***Bull. Anim. Heal. Prod. Afr., 36: 245-250.***

- **Attallah A, Karawia E, Ismail H, Tabll A, Nawar A, Ragab A, Abdel-Aziz M e El- Dosoky I. 2002.** Identificação e caraterização do antigénio circulante de 26-28 kDa de *Fasciola gigantica.* ***Ann. Trop. Med. Parasitol, 96: 271-282.***

- **Awad WS, Ibrahim AK e Salib FA. 2009.** Utilização de ELISA indireto para avaliar diferentes antigénios para o serodiagnóstico da infeção por *Fasciola gigantica* em bovinos, ovinos e burros. ***Res. Vet. Sci., 86: 466-471.***

• **Barduagni P, Hassanein Y, Mohamed M, Wakeel AE, Sayed ME, Hallaj Z e Curtale F. 2008.** Utilização de triclabendazole para o tratamento de pacientes co-infectados por *Fasciola* spp. e *S. mansoni* em Behera Governorate, Egito. ***Parasitol. Res., 102: 631-633.***

• **Barreto ML, Smith DM e Sleigh AC. 1990.** Implicações da variação da contagem de ovos nas fezes quando se usa o método Kato-Katz para avaliar a infeção por *Schistosoma mansoni*. ***Trans. R Soc. Trop. Med. Hyg., 84: 554-555.***

• **Behm CA e Sangster NC. 1999.** Patologia, Fisiopatologia e Aspectos Clínicos. ***Em Dalton, J.P. (ed) Fasciolosis. CABI Publishing, Oxon, Reino Unido.***

• **Bennett CE, Hughes DL e Harness E. 1980.** *Fasciola hepatica:* alterações no tegumento durante a morte de vermes adultos transferidos cirurgicamente para ratos sensibilizados. ***Parasite Immunol, 2: 93-98.***

• **Bennett CE e Threadgold LT. 1975.** *Fasciola hepatica:* Desenvolvimento do tegumento durante a migração no rato. ***Exp. Parasitol, 38: 38-55.***

• **Beresain P, Goni F, Mc Gonigle S, Dowd A, Dalton J, Frangione B e Carmona C. 1997.** Proteinases secreted by *Fasciola hepatica* degrade extra-cellualr matrix and basement membrane components. ***J. Parasitology, 83: 1-5.***

• **Bhamarapravati N, Thamamvill W e Limsuwan A. 1983.** Doença hepática do homem. In: Textbook of Medicine. Editado por D.J. Weatherall, J.G.G. Ledingham, e D.D.A. Warrel, ***Oxford, Londres.***

• **Bjorkman N e Thorsell W. 1963.** Sobre a morfologia fina dos glóbulos da casca do ovo nas glândulas vitelinas do verme do fígado *(Fasciola hepatica)*. ***Exp. Cell Res., 32:153-156.***

• **Boray J. 1969.** Fasciolíase experimental na Austrália. ***Adv. Parasitol, 7: 95-210.***

• **Boray J. 1999.** Liver fluke disease in sheep and cattle (Fasciolose hepática em ovinos e bovinos). ***AgFacts, A0.9.57 (segunda edição), NSW Agriculture, pp15.***

• **Bossaert K, Farnir F, Leclipteux T, Protz M, Lonneux JF e Losson B. 2000.** Humoral immune-response in calves to single-dose, trickle and challenge infections with *Fasciola hepatica*, ***Vet. Parasitol, 87:103-123.***

• **Boyce WM, Courtney CH e Loggins PE. 1987.** Resistência à infeção experimental com *Fasciola hepatica* em raças exóticas e domésticas de ovinos. ***Int. J. Parasitol., 17:12331237.***

• **Bradford MM. 1976.** Um método rápido e sensível para a quantificação de quantidades de microgramas de proteínas utilizando o princípio da ligação proteína-corante. ***Anal. Biochem, 72: 248254.***

• **Brown WC, McElwain TF, Palmer GH, Chantler SE e Estes DM. 1999.** Bovine CD4+ T-Lymphocyte Clones Specific for Rhoptry-Associated Protein 1 of Babesia bigemina Stimulate Enhanced Immunoglobulin G1 (IgG1) and IgG2 Synthesis. ***Infect. Immun. 67:155-164.***

• **Brown WC, Woods VM, Chitko-Mckown CG, Hash SM e Rich-Ficht AC. 1994.** Interleukin-10 is expressed by bovine Type 1 helper, Type 2 helper, and unrestricted parasite-specific T-cell clones and inhibits proliferation of all three subsets in an accessorycell-dependent manner. ***Infect. Immun, 62: 4697-4708.***

• **Burden DJ, Bland AP, Hammet NC e Hughes DL. 1983.** *Fasciola hepatica:* migração de juvenis recém-excitados em ratos resistentes. ***Exp. Parasitol, 56: 277-288.***

• **Butterworth AE. 1977.** O eosinófilo e o seu papel na imunidade à infeção por helmintos. ***Curr. Trop. Microbiol. Immunol., 77:127-168.***

• **Campbell RC. 1989.** Statistics for Biologists. ***3rd edition, Cambridge Univ. Press, Cambridge, New York, Melbourne, Sydney.***

• **Cancela M, Carmona C, Rossi S, Frangione B, Goni F e Berasain P. 2004.** Purificação, caraterização e imunolocalização da paramiosina da fase adulta de *Fasciola hepatica.* ***Parasitol Res., 92: 441-448.***

• **Carmona C, Dowd A, Smith A e Dalton J. 1993.** As proteinases catepsina-L selecionadas por *Fasciola hepatica in vitro* impedem a fixação de eosinófilos mediada por anticorpos a juvenis recém-excitados. ***Mol. Biochem. Parasitol, 62: 9-18.***

• **Castro E, Freyre A e Hernandez Z. 2000.** Respostas serológicas de bovinos após tratamento e durante a reinfeção natural com *Fasciola hepatica*, medidas com o sistema dot-ELISA. ***Vet. Parasitol., 90: 201-208.***

• **Cervi L, Rossi G e Masih DT. 1999.** Potential role for excretory-secretory forms of glutathione-S-transferase (GST) in *Fasciola hepatica.* ***Parasitol, 119: 627-633.***

• **Chapman CB e Mitchell GF. 1982a.** Clivagem proteolítica da imunoglobulina por enzimas libertadas pela *Fasciola hepatica.* ***Vet. Parasitol., 11: 165-178.***

• **Chapman CB e Mitchell GF. 1982b.** *Fasciola hepatica:* Estudos comparativos sobre fasciolíase em ratos e camundongos. ***Int. J. Parasitol, 12: 81-91.***

• **Chauvin A e Boulard C. 1996.** Resposta imunitária local à infeção experimental *por Fasciola hepatica* em ovinos. ***Parasite, 3: 209-215.***

• **Chauvin A, Bouvet G e Boulard C. 1995.** Respostas imunes humorais e celulares à infeção primária e secundária experimental por *Fasciola hepatica* em ovinos. ***Int. J. Parasitol, 25:1227-1241.***

• **Chen H, Nara T, Zeng X, Satoh M, Wu G, Jiang W, Yi F, Kojima S, Zhang S e Hirayama K. 2000.** Vaccination of domestic pig with recombinant paramyosin against *Schistosoma japonicum* in China (Vacinação de suínos domésticos com paramiosina recombinante contra *Schistosoma japonicum* na China). ***Vaccine, 18: 2142-2146.***

• **Chensue SW, Bienkowski M, Essalu TE, Warmington KS, Hershey SP, Lukacs NW e Kunkel SI. 1993.** A proteína endógena antagonista do recetor de IL-1 (JRAP) regula a formação do granuloma do ovo de *Schistosoma* e as respostas linfóides regionais. ***J. Immunol, 151: 3654-3661***

• **Cho SY, Yang HN, Kong Y, Kim JC, Shin KW e Koo BS. 1994.** Fasciolíase intraocular: relato de um caso. ***Am. J. Trop. Med. Hyg., 50: 349-353.***

• **Clery D e Mulcahy G. 1998.** Respostas de linfócitos e citocinas de bovinos jovens durante a infeção primária com *Fasciola hepatica.* ***Res. Vet. Sci., 65:169-171.***

• **Clery D, Torgerson P e Mulcahy G. 1996.** Respostas imunes de bovinos adultos cronicamente infectados à *Fasciola hepatica.* ***Internat. J. Parasitol, 62: 71-82.***

• **Córdova M, Reátegui L e Espinoza J. 1999.** Imunodiagnóstico da fasciolíase humana com cisteína proteinases *de Fasciola hepatica.* ***Trans. R. Soc. Trop. Med. Hyg., 93: 54-57.***

• **Cox FEG, Wakelin D, Stephen HG e Dickson DD. 2005.** Melissa R, Haswell E, Lung and liver flukes In: Topley & Wilson's, microbiology and microbial infections; 10th edition, ***Hobber Arnold, London, pp: 652.***

• **Cruz-Mendoza I, Naranjo-García E, Quintero-Martínez MT, Ibarra-Velarde F e Correa D. 2006.** A exposição a miracídios *de Fasciola hepatica* aumenta a sensibilidade de *Lymnaea (Fossaria) humilis* a pH alto e baixo. ***J. Parasitol, 92: 650-652.***

• **Cuperlovic K e Movsesijan M. 1972.** Isolamento e marcação do antigénio *de Fasciola hepatica* ativo durante a infeção. ***J. Parasitol, 58: 1209-1210.***

• **Da-Costa C, Dreyfuss G, Rakotondravavao C, Rondelaud D e Da costa C. 1994.** Várias observações sobre a excreção cercarial de *Fasciola gigantica* de *Lymnaea natalensis.* ***Parasite, 1: 39-44.***

• **Dalimi AH, Hadighi R e Madani R. 2004.** Antigénio da fração parcialmente purificada (PPF) de *Fasciola gigantica* adulta para o serodiagnóstico da fasciolíase humana utilizando a técnica Dot-ELISA. ***Ann. Saudi Med., 24:18-20.***

• **Dalton JP, McGonigle S, Rolph TP e Andrews SJ. 1996.** Indução de imunidade protetora em bovinos contra a infeção por *Fasciola hepatica* através da vacinação com proteinases L de cateptina e hemoglobina. ***Infect. Immunit., 64: 5066-5074.***

• **Dalton JP, O. Neill S, Stack C, Collins P, Walshe A, Sekiya M, Doyle S, Mulcahy G, Hoyle D, Khaznadji E, Moiré N, Brennan G, Mousley A, Kreshchenko N, Maule AG e Donnelly SM. 2003.** Proteases do tipo catepsina L de *Fasciola hepatica*: biologia, função e potencial para o desenvolvimento de vacinas de primeira geração contra a peste hepática. ***Int. J. Parasitol, 33:1173-1181.***

• **Dalton JP, Tom TD e Strand M. 1985.** Comparação da glicoproteína imunorreactiva imatura e madura de *Fasciola hepatica.* ***Parasitol. Immunol., 7: 643-657.***

• **Davies C e Goose J. 1981.** Morte de juvenis recém-excitados de *Fasciola hepatica* em ratos sensibilizados. ***Parasite Immunol, 3: 81-69.***

- **De Jesus AR, Aran' Jo I, Bacellar OV, Magalha* Es A, Pearce E, Harn D, Strand M e Carvalho EM. 2000. Respostas Imunes Humanas a Antigénios Candidatos a Vacinas de *Schistosoma mansoni*. *Infect. Immun., 68: 2797-2803.***
- **De-Vias SI, Gryseels B, Van Oortmerssen GJ, Poldrman AM e Habbema JD. 1992.** Um modelo para variações nas contagens únicas e repetidas de ovos em infecções por *Schistosoma mansoni*. ***J. Parasitol, 104: 451-460.***
- **Deelder AM e Ploem JS. 1975.** Uma reação de imunofluorescência para *Fasciola hepatica* utilizando o sistema defined antigen subtracts sheres (DASS). ***Exp. Parasitol, 37:173-178.***
- **Dixit AK, Dixit P e Sharma R. 2008.** Immunodiagnostic/protective role of cathepsin L cysteine proteinases secreted by Fasciola species. ***Vet. Parasitol, 154:177-184.***
- **Dixon KE. 1966.** The physiology of excystment of the metacercariae of *Fasciola hepatica*. ***Parasitol, 56: 431-456.***
- **Dowd AJ, Smith AM, McGonigle S e Dalton JP. 1994.** Purificação e caraterização de uma segunda catepsina L proteinase segregada pelo trematódeo parasita *Fasciola hepatica*. ***Eur. J. Biochem. 233: 91-98.***
- **Doy TG e Hughes DL. 1980.** Evidence for two distinct mechanisms of resistance in the rat to reinfection with *Fasciola hepatica*. ***Int. J. Parasitol, 12: 357-361.***
- **Doy TG, Hughes DL e Harness E. 1978.** Resistência do rato à reinfeção com *Fasciola hepatica* e possível envolvimento de leucócitos eosinófilos intestinais. ***Res. Vet. Sci., 25: 41-44.***
- **Doy TG, Hughes DL e Harness G. 1981.** Hipersensibilidade em ratos infectados com Fasciola hepatica: possível papel da proteção contra a infeção de desafio. ***Res. Vet. Sci., 30: 360-363.***
- **Dreyfuss G e Rondelaud D. 1997.** *Fasciola gigantica* e *Fasciola hepatica:* Estudo comparativo de algumas caraterísticas da infeção por *Fasciola* em *Lymnaea truncatula* infetada por um dos dois tremátodes. ***Vet. Res., 28:123-130.***
- **Duffus WPH e Frankes D. 1980.** Efeito in vitro do soro imune e dos granulócitos de bovinos em juvenis *de Fasciola hepatica*. ***Clin. Exp. Immunol., 41: 430-437.***
- **Dumenigo BE, Espino AM e Finlay CM. 1996.** Deteção do antigénio *de Fasciola hepatica* em fezes de bovinos por um ensaio imunoenzimático monoclonal em sanduíche. ***Res. Vet. Sci.,* 60: 278-279**.
- **Dunne DW. 1990.** Schistosome carbohydrate. ***Parasitol. Hoje, 6: 45-48.***
- **El-Amir A, Rabee I, Kamal N e El-Deeb S. 2008a.** Avaliação do potencial de diagnóstico de diferentes técnicas imunológicas utilizando anticorpos policlonais contra antigénios excretores/secretores *de Fasciola gigantica* em ovinos. ***Egito. J. Immunol, 15: 65-74.***
- **El-Amir A, Rabee I, Mohamed D e El-Deeb S. 2008b.** Imunolocalização de antigénios excretores/secretores expressos em diferentes fases do ciclo de vida da *Fasciola gigantica* e em diferentes órgãos de bovinos infectados. ***Proc. Zool. Soc. A.R. Egypt, 50:135-158.***
- **El-Aziz MM, Ghazy AA e Effat MM. 2001.** Imunodiagnóstico da fasciolose bovina utilizando

ELISA para os antigénios secretores excretores de *Fasciola hepatica*. ***J. Egypt Soc. Parasitol, 31: 327-334.***

- **El-Bahy MM, Malone JB e Todd WL. 1992.** Deteção de antigénio de diagnóstico estável na bílis e nas fezes de bovinos infectados com *Fasciola hepatica*. ***Vet. Parasitol, 45: 157-167.***

- **EL-Kerdany ED, Abd-Alla NM e Sharaki OA. 2002.** Reconhecimento de componentes antigénicos de *Fasciola gigantica* e sua utilização no imunodiagnóstico. ***J. Egypt. Soc. Parasitol, 32: 675-690.***

- **Elizabeth C e Molina J. 2005.** Interferão-gama sérico e interleucinas-6 e -8 durante a infeção por *Fasciola gigantica* em bovinos e búfalos. ***Vet. Sci., 6: 135-139.***

- **El Ridi R, Salah M, Wagih A, William H, Tallima H, El Shafie MH, Abdel Khalek T, El Amir A, Abo Ammou FF e Motawi H. 2007.** *Fasciola gigantica* excretory/secretory products for immunodiagnosis and prevention of sheep fasciolosis (Produtos excretores/secretores *de Fasciola gigantica* para imunodiagnóstico e prevenção da fasciolose ovina). ***Vet. Parasitol, 149: 219-228.***

- **Engels D, Nathimana S, De-Vias SJ e Gryseels B. 1997.** Variação no peso de amostras de fezes preparadas pelo método Kato-Katz e suas implicações. ***Trop. Med. Internat. Saúde, 2: 265-271.***

- **Engvall E e Perlmanm P. 1971.** Ensaio de imunoabsorção enzimática. Ensaio quantitativo de IgG. ***Immunochem, 8: 871-874.***

- **Ericksen L e Flagsted T. 1974.** *Fasciola hepatica:* Influência de vermes adultos extra-hepáticos em infecções e imunidade em ratos. ***Exp. Parasitol, 35: 411-417.***

- **Espino AM e Finlay CM. 1994.** Ensaio de imunoabsorção enzimática em sanduíche para a deteção de antigénios excretores-secretores na fasciolíase humana por ensaio de imunoabsorção enzimática em sanduíche. ***J. Clin. Microbiol, 32:190-193.***

- **Espino AM, Marcet R e Finlay CM. 1990.** Deteção de antigénios excretores circulantes na fasciolíase humana por ensaio de imunoabsorção enzimática em sanduíche. ***J. Clin. Microbiol, 28: 2637-2640.***

- **Espino AM, Marcet R e Finlay CM. 1997.** *Fasciola hepatica:* Deteção de antigenemia e coproantigénios em ratos infectados experimentalmente. ***Exper. Parasitol, 85:117-120.***

- **Esteban JG, Gonzalez C e Curtale F. 2003.** Fasciolíase hiperendémica associada à esquistossomose em aldeias do Delta do Nilo, no Egito. ***Am. J. Trop. Med. Hyg., 69: 429-434.***

- **Estuningsih SE, Smooker PM, Wiedosari E, Widjajant S, Viano S, Partoutomo S e Spithill TW. 1997.** Avaliação de antigénios de *Fasciola giogantica* como vacinas contra a fasciolíase tropical em bovinos. ***Internat. J. Parasitol, 27: 1419-1428.***

- **Fagbemi BO, Aderibigbe OA e Guobadia EE. 1997.** Utilização de anticorpos monoclonais para o imunodiagnóstico da infeção por *Fasciola gigantica* em bovinos. ***Vet. Parasitol., 69: 231240.***

- **Fagbemi BO e Guobadia EE. 1995.** Imunodiagnóstico da fasciolíase em ruminantes utilizando uma cisteína protease de 28-kDa do verme adulto de *Fasciola gigantica*. ***Vet. Parasitol, 57: 309-318.***

- **Fagbemi BO e Hillyer GV. 1991.** Purificação parcial e caraterização das enzimas proteolíticas dos vermes adultos de *Fasciola gigantica*. ***Vet. Parasitol., 40: 217-226.***

- **Fagbemi BO e Hillyer GV. 1992.** A purificação e caraterização de uma cisteína protease de vermes adultos. ***Vet. Parasitol, 43: 223-232.***

- **Fagbemi BO, Obarisiagbon IO e Mbuh JV. 1995.** Deteção de antigénio circulante em soros de bovinos infectados com *Fasciola gigantica* com anticorpos reactivos com um antigénio 88-Kda *específico da Fasciola*. ***Vet. Parasitol, 58: 235-246.***

- **FAO. 1997.** *Página inicial em http://apps.fao.org/lim soo l nph_wrap.pl.*

- **Farahnak A, Golmohamadi T e Molaei Rad MB. 2010.** Deteção de hidratos de carbono e isolamento de lectinas do tecido tegumentar de *Fasciola hepática*. ***Iranian JParasitol, 5: 20-24.***

- **Flynn RJ, Mannion C, Golden O, Hacariz O e Mulcahy G. 2007.** Experimental *Fasciola hepatica* infection alters responses to tests used for diagnosis of bovine tuberculosis. ***Infect. Immun., 75:1373-1381.***

- **Fonseca CT, Brito CF, Alves JB e Oliveira SC. 2004.** A IL-12 aumenta a imunidade protetora em camundongos gerada pela imunização com a proteína recombinante de ligação a ácidos graxos de 14 kDa *de Schistosoma mansoni* através de uma via dependente de IFN-y e TNF-a. ***Vaccine, 22: 503-510.***

- **Gajewska A, Smaga-Kozlowska K e Wisniewski M. 2005.** Alterações patológicas do fígado na infeção por *Fasciola hepatica*. ***Wiad Parazytol, 51:115-23.***

- **Ganga G, Varshney JP, Sharma RL, Varshney VP e Kalicharan A. 2007.** Effect of Fasciola infection on adrenal and thyroid glands of riverine buffaloes (Efeito da infeção por Fasciola nas glândulas supra-renais e tiroide de búfalos ribeirinhos). ***Res. Vet. Sci., 82: 6167.***

- **Garcia LS. 2001.** Trematódeos hepáticos e pulmonares. In: Diagnóstico de Parasitologia Médica. ***Garcia LS (Ed.). 4th edition. American Society for Microbiology Press, NW, Washington, DC, EUA pp. 433-436.***

- **Garcia TC, Fonseca CT, Pacifico LG, Durães Fdo V, Marinho FA, Penido ML, Caliari MV, de Melo AL, Pinto HA, Barsante MM, Cunha-Neto E e Oliveira SC. 2008.** Peptídeos contendo epítopos de células T, derivados do Sm 14, mas não da paramiosina, induzem uma resposta imune do tipo Th1, redução da patologia hepática e proteção parcial contra a infeção por *Schistosoma mansoni* em camundongos. ***Ata Trop., 106:162-167.***

- **Garraud O e Nutman TB. 1996.** The role of cytokines in human B-cell differentiation into immunoglobulin-secreting cells. ***Bul. Inst. Pasteur, 94: 285-309.***

- **Garraud O, Perraut R, Riveau G e Nutman TB. 2003.** Seleção de classes e subclasses em respostas de anticorpos específicas de parasitas. ***Trends Parasitol, 19: 300-304.***

- **Ghosh S, Rawat P, Velusamy R, Joseph P, Gupta SC e Singh BP. 2005.** 27kDa *Fasciola gigantica* glycoprotein for the diagnosis of prepatent fasciolosis in cattle (glicoproteína de 27kDa *de Fasciola gigantica* para o diagnóstico de fasciolose pré-patente em bovinos). ***Vet. Res. Commun., 29:123-135.***

- **Gironès N, Valero MA, García-Bodelón MA, Chico-Calero I, Punzón C, Fresno M e Mas-Coma S. 2007.** Supressão imunitária na fasciolíase crónica avançada: um estudo experimental num modelo de rato. ***J. Infect. Dis., 195: 1504-1512.***
- **Gobert GN e McManus DP. 2005.** Atualização sobre a paramiosina em vermes parasitas. ***Parasitol. Internal., 54:101-107.***
- **Goose J. 1978.** Possible role of excretory/secretory production in evasion of host defenses by *Fasciola hepatica*. ***Nature, 275: 216-217.***
- **Guobadia EE e Fagbemi BO. 1995.** Análise temporal da resposta de anticorpos por EITB e ELISA antes e depois da quimioterapia em ovinos infectados com *Fasciola gigantica*. ***Vet. Parasitol, 58: 247-253.***
- **Guobadia EE e Fagbemi BO. 1996.** Deteção do antigénio circulante *de Fasciola gigantica* em infecções experimentais e naturais de ovinos com fasciolose. ***Vet. Parasitol., 65: 29-39.***
- **Guralp N, Ozcan C e Simms BT. 1964.** *Fasciola gigantica* and fascioliasis in Turkey. ***Am. J. Vet. Res., 25:196-210.***
- **Hammouda NA, el Mansoury ST, el Azzouni MZ e Hussein ED. 1997.** Deteção de antigénios circulantes no sangue para avaliar o tratamento da fasciolíase. ***J. Egypt. Soc. Parasitol, 27: 365-371.***
- **Hanna REB. 1980.** *Fasciola hepatica:* Um estudo imunofluorescente das alterações antigénicas no tegumento durante o desenvolvimento no rato e na ovelha. ***Exp. Parasitol, 50:155-170.***
- **Hansen D, Clery D, Estuningsih S, Widjajanti S, Partoutomo S e Spithill T. 1999.** Immune responses in Indonesian thin tail and Merino sheep during a primary infection with *Fasciola gigantica:* lack of a specific IgG2 antibody response is associated with increased resistance to infection in Indonesian sheep. ***Int. J. Parasitol, 29:1027-1035.***
- **Haridy FM, El-Garhy M e Morsy TA. 2003.** Eficácia da miarzida (Commiphora molmol) contra a fasciolíase em ovinos egípcios. ***J. Egypt Soc. Parasitol, 33: 917-924.***
- **Haridy FM, Ibrahim BB, Morsey TA e El-Sharkawy IM. 1999.** Fasciolíase, uma doença zoonótica crescente no Egito. ***J. Egypt Soc. Parasitol, 29: 35-448.***
- **Haroun EM e Hillyer GV. 1986.** Resistance to fascioliasis- a review. ***Vet. Parasitol, 20: 63-93.***
- **Haroun EM, Hammond JA e Sewell MM. 1980.** Resistência à *Fasciola hepatica* em ratos e coelhos após infeção e tratamento de sensibilização. ***Res. Vet. Sci., 28: 377-379.***
- **Haseeb AN, EL-Shazly AM, Arafa MA e Morsy AT. 2002.** Uma revisão da fasciolíase no Egito. ***J. Egypt Soc. Parasitol, 32: 317-354.***
- **Haseeb AN, El-Shazly AM, Arafa MA e Morsy AT. 2003.** Avaliação do *antigénio* excretor/secretor *de Fasciola* no diagnóstico da fasciolíase humana. ***J. Egypt. Soc. Parasitol., 33: 123-138.***
- **Hassan MM, Moustafa NE, Mahmoud LA, Abbaza BE e Hegab MH. 1995.** Prevalência da infeção por *Fasciola* em crianças em idade escolar no governo de Sharkia, Egito. ***J. Egy. Soc. Parasitol, 25: 543-***

549.

- **Heussler VT e Dobbelaere DA. 1994.** Clonagem de uma família de genes de protease de *Fasciola hepatica* por reação em cadeia da polimerase. ***Mol. Biochem. Parasitol, 64:11-23.***

- **Hillyer GV. 1999.** Imunodiagnóstico da fasciolose humana e animal. In: Fasciolosis. ***Dalton JP (Ed.). CAB International publishing, Wallingford, Oxon, UKpp 435-442.***

- **Hillyer GV e de-Ateca LS. 1979.** Imunidade em *Schistosoma mansoni* utilizando antigénios de Fasciola hepatica isolados por cromatografia de afinidade com concanavalina A. ***Infect. Immunity, 26: 802-807.***

- **Hillyer GV e Soler de Galanes M. 1991.** Estudos iniciais de viabilidade do FAST-ELISA para o imunodiagnóstico da fasciolíase. ***JParasitol. 77: 362-365.***

- **Hillyer GV, Soler de Galanes M e Battisti G. 1992a.** *Fasciola hepatica:* hospedeiros que respondem e não respondem à glutationa S-transferase do parasita. ***Exp. Parasitol, 75: 176186.***

- **Hillyer GV, Soler de Galanes M, Rodriguez-Perez J, Bjorland J, Silva de Lagrava M, Ramirez Guzman S e Bryan RT. 1992b.** Utilização do Falcon assay screening testenzyme-linked immunosorbent assay (FAST-ELISA) e do enzyme linked immunoelectrotransfere blot (EITB) para determinar a prevalência da fasciolíase humana no Altiplano boliviano. ***Am. J. Trop. Med. Hyg., 46: 603-609.***

- **Hughes DL, Harness E e Doy TG. 1981.** As diferentes fases da *Fasciola hepatica* capazes de induzir imunidade e a suscetibilidade de várias fases ao ataque imunológico no rato sensibilizado. ***Res. Vet. Sci., 30: 93-98.***

- **Ibarra F, Vera Y, Quiroz H, Cantó J, Castillo R, Hernández A e Ochoa P. 2004.** Determinação da dose efectiva de um fasciolicida experimental em bovinos natural e experimentalmente infectados. ***Vet. Parasitol, 120: 65-74.***

- **Intapan PM, Maleewong W, Nateeworanart S, Wongkham C, Pipitgool V, Sukolapong V e Sangmaneedet S. 2003.** Imunodiagnóstico da fasciolíase humana utilizando um antigénio do verme adulto *Fasciola gigantica* com a massa molecular de 27 kDa através de um dot-ELISA. ***Southeast Asian J. Trop. Med. Saúde Pública, 34: 713-717.***

- **Jayaraj R, Piedrafita D, Dynon K, Grams R, Spithill TW e Smooker PM. 2009.** Vacinação contra a fasciolose através de uma vacina multivalente de antigénios específicos da fase. ***Vet. Parasitol, 160: 230-236.***

- **Jezek J, El Ridi R, Salah M, Wagih A, Aziz HW, Tallima H, El Shafie MH, Abdel Khalek T, Abo Ammou FF, Strongylis C, Moussis V e Tsikaris V. 2007.** Peptídeo sintético baseado na proteinase L da catepsina *de Fasciola gigantica* para imunodiagnóstico e prevenção da fasciolose ovina. ***Biopolímeros, 88: 20-28.***

- **Jiz M, Wu H-W, Meng R, Pond-Tor S, Reynolds M, Friedman JF, Olveda R, Ascota L e Kurtis JD. 2008.** Produção e caraterização em escala piloto de Paramyosin, uma vacina candidata para a *esquistossomose japonesa.* ***Infect. Immun., 76: 3164-3169.***

- **Kagan IG. 1979.** Parasitologia Diagnóstica, Epidemiológica e Experimental: Aspectos imunológicos. ***Am. J. Trop. Med. Hyg., 28: 429-439.***

- **Kanoksil W, Wattanatranon D, Wilasrusmee C, Mingphruedh S e Bunyaratvej S. 2006.** Relato de caso Remoção endoscópica de um *Fasciola gigantica* biliar vivo. ***J. Med. Assoc. Thai., 89: 2150-2154.***

- **Keiser J e Utzinger J. 2005.** Emergência de trematodíase de origem alimentar. ***Emerging Infect. Dis., 11:1507-1514.***

- **Kelly JD, Campbell NJ e Dineen JK. 1980.** The role of the gut in acquired resistance to *Fasciola hepatica* in the rat. ***Vet. Parasitol, 6: 359-367.***

- **Kendall SB. 1974.** Alguns parasitas de animais domésticos na província de Aswan, no Rupablo Árabe do Egito. ***Trop. Anim. Heal. Prod., 6:128-130.***

- **Keyyu JD, Kassuku AA, Msalilwa LP, Monrad J e Kyvsgaard NC. 2006.** Prevalência seccional de infecções helmínticas em bovinos em explorações leiteiras tradicionais, de pequena e grande escala no distrito de Iringa, Tanzânia. ***Vet. Res. Commun., 30: 45-55.***

- **Khalil HM, Abdel Aal TM, Maklad MK, Abdallah HM, Fahmy IA e EL Zayyat EA. 1990.** Especificidade dos antigénios brutos e purificados *de Fasciola* no imunodiagnóstico da fasciolíase humana. ***J. Egy. Soc. Parasitol, 20: 87-94.***

- **Khalil SS, Abou Shousha S, Farahat AA e Rashwan EA. 1999.** Produção de citocinas pró-inflamatórias (GM-CSF, IL.8 e IL-6) por monócitos de doentes com fasciolíase. ***J. Egypt. Soc. Parasitol, 3: 1007-1015.***

- **Kim k, Yang HJ e Chung YB. 2003.** Utilidade da proteína de 28 kDa de *Fasciola hepatica* no diagnóstico da fasciolíase. ***Korean J. Parasitol, 41:121-123.***

- **Knox DP. 1994.** Parasite enzyme and the control of round-worm and fluke infestation in domestic animals. ***Brit. Vet. J., 150: 319-337.***

- **Kohama H, Harakuni T, Kikuchi M, Nara T, Takemura Y, Miyata T, Sato Y, Hirayama K e Arakawa T. 2010.** A administração intranasal de paramiosina de Schistosoma japonicum induziu respostas robustas e duradouras de anticorpos sistémicos e locais, bem como de hipersensibilidade de tipo retardado, mas não conferiu proteção num modelo de infeção de ratinho. ***Jpn. Jpn. Infect. Dis., 63:166-172.***

- **Kojima S. 2004.** Visão geral: das experiências com cavalos do Prof. Akira Fujinami à paramiosina. ***Parasitol. Internat., 53:151-162.***

- **Kumar N, Ghosh S e Gupta SC. 2008.** Deteção precoce de Fasciola gigantica em búfalos através do ensaio de imunoabsorção enzimática e do ensaio de imunoabsorção enzimática por pontos. ***Parasitol. Res., 103:141-150.***

- **Kumar S e Sharma MC. 1991.** Infertilidade em vacas rurais em relação à fasciolíase. ***Ind. J. Anim.***

Sci. 61: 838-840.

- **Laemmli VK. 1970.** Clivagem de proteínas estruturais durante a montagem da cabeça do bacteriófago T4. ***Nature, 277: 630-634.***

- **Langley RJ e Hillyer GV. 1989.** Deteção do antigénio do parasita circulante na fasciolíase murina através de ensaios de imunoabsorção enzimática em dois locais. ***Am. J. Trop. Med. Hyg., 41: 472-478.***

- **Laursen JR, Averbeck GA e Conboy GA. 1989.** Preliminary survey of pulmonate snails of central Minnesota. ***Relatório final apresentado ao Programa Novagame Wildlife, Departamento de Recursos Naturais do Minnesota. Relatório não paginado.***

- **Leclipteuxa TH, Torgersonb PR, Dohertyb ML, McColeb D, Protza M, Farnirc F e Lossona B. 1998.** Utilização de antigénios excretores/secretores num teste de competição para acompanhar a cinética da infeção por Fasciola hepatica em bovinos. ***Vet. Parasitol, 77:103-114.***

- **Levine DM, Hillyer GV e Flores SI. 1980.** Comparação da contra-eletroforese, do ensaio de imunoabsorção enzimática e do exame fecal de Kato para o diagnóstico da fasciolíase em ratos e coelhos infectados. ***Am. J. Trop. Med. Hyg., 29: 602-608.***

- **Liu D, Lightowler M e Richard M. 1992.** Avaliação de um ELISA de competição baseado em anticorpos monoclonais para o diagnóstico da hidatidose humana. ***Parasitol, 104: 357-361.***

- **Lopez-Moreno HS, Correa D, Laclette JP e Ortiz-Navarrette VF. 2003.** Identificação de epítopos de células T CD4+ da paramiosina *de Taenia solium.* ***Parasite Immunol, 25: 513-516.***

- **Maggioli G, Piacenza L, Carambula B, e Carmona C. 2004.** Purificação, caraterização e imunolocalização de uma tioredoxina redutase de *Fasciola hepatica* adulta. ***J. Parasitol, 90: 205-211.***

- **Maher K, El Ridi R, El-Hoda AN, El-Ghannam M, Shaheen H, Shaker Z, Hassanein HI. 1999.** Perfil de anticorpos específicos do parasita na fasciolíase humana: aplicação para o imunodiagnóstico da infeção. ***Am. J. Trop. Med. Hyg., 61: 738-742.***

- **Maizels RM, Sartoro E, Kurniawan A, Partono F, Selkrik ME e Yazdanbakhsh M. 1995.** Ativação das células T e equilíbrio dos isótipos de anticorpos na filariose linfática humana. ***Parasitol. Hoje, 11: 50-56.***

- **Maleewong W, Intapan PM, Wongkham C, Sripa B, Sukolapeong V e Ieamvitee vanich K. 1997.** Anticorpos monoclonais específicos para *Fasciola gigantica.* ***Asian Pac. J. Alter. Immunol., 15: 49-54.***

- **Maleewong W, Intapan PM, WongKhan C, Tomanakan K, Daenseekaew W e Sukeepaisarnjaroen W. 1996.** Comparação do antigénio somático adulto e do antigénio secretor excretor no ensaio de imunoabsorção enzimática para o serodiagnóstico da infeção humana por *Fasciola gigantica.* ***Southeast Asian. J. Med. Pub. Heal., 27: 566-569.***

- **Manson-Bahr PEC e Apted FIC. 1985.** In: Doenças Tropicais de Manson, 18th edição. ***Bailliere Tindall From e London.***

- **Mansour NS, Youssef FG, Michail EM e Boctor FN. 1983.** Utilização de antigénio parcialmente purificado do verme *Fasciola gigantica* no diagnóstico serológico da fasciolíase humana no Egito. ***Am. J. Trop. Med. Hyg., 32: 550-554.***

- **Marcos LA, Bussalleu A, Terashima A e Espinoza J. 2009.** Deteção de anticorpos contra *Fasciola hepatica* em pacientes cirróticos do Peru. ***J. Helminthol, 83: 23-26.***
- **Marcos LA, Terashima A e Gotuzzo E. 2008.** Atualização sobre vermes hepatobiliares: fasciolíase, opistorquíase e clonorquíase. ***Curr. Opin. Infect. Dis., 21: 523-530.***
- **Marcos LA, Terashima A, Leguia G, Canales M, Espinoza JR e Gotuzzo E. 2007.** Infeção *por Fasciola hepatica* no Peru: uma doença emergente. ***Rev. Gastroenterol. del Peru, 27: 389-396.***
- **Marsden PD e Warren KS. 1984.** Fasciolíase. In: Warren KS, Mahmoud AAF, eds. Tropical and Geographical Medicine. ***New York: McGraw-Hill; 458-460.***
- **Martinez-Moreno A, Martinez-Moreno FJ, Acosta I, Gulierrez PN, Becerra C e Hernandez S. 1997.** Respostas imunitárias humorais e celulares a infecções experimentais *por Fasciola hepatica* em caprinos. ***Parasitol. Res., 83: 680-686.***
- **Mas-Coma S. 2004.** Fasciolíase humana (In: Doenças transmitidas pela água: Identification, Causes and Control. (ED. Cotruvo JA, Dufour A, Rees G et al.), OMS, IWA Publishing, Londres, ***Reino Unido, pp: 305-318.***
- **Mas-Coma S, Rodriguez A e Bargues MD. 1997.** Papel de reservatório secundário dos animais domésticos, com exceção dos ovinos e bovinos, na transmissão da fasciolíase no Altiplano do Norte da Bolívia. ***Res. Rev. Parasitol, 57: 39-46.***
- **Mas-Coma S, Bargues MD e Valero MA. 2005.** Fasciolíase e outras zoonoses de trematódeos transmitidos por plantas. ***Int. J. Parasitol, 35:1255-1278.***
- **Mas-Coma S, Esteban JG e Bargues M. 1999.** Epidemeologia da fasciolíase humana: Uma revisão e uma proposta de nova classificação. ***Bull. Wld. Hlth. Orge., 77: 340-346.***
- **Mbuh J e Fagbemi B. 1996.** Perfis de anticorpos e antigénios circulantes antes e depois da quimioterapia em cabras infectadas com *F. gigantica.* ***Vet. Parasitol, 66:171-179.***
- **McCole DF, Doherty ML, Baird AW, Davis WC, McGill K e Torgerson PR. 1999.** Envolvimento de subconjuntos de células T nas respostas imunitárias à infeção por *Fasciola hepatica* em bovinos. ***Parasite Immunol, 21:1-8.***
- **McGonigle S e Dalton JP. 1995.** Isolamento da hemoglobina *de Fasciola hepatica.* ***Parasitol, 111: 209-215.***
- **Mckinney MM e Parkinson A. 1987.** Um procedimento simples e não cromatográfico para purificar imunoglobulinas do líquido de ascite. ***J. Immunol. Meth., 96: 271-278.***
- **McManus D e Dalton J. 2006**. Vacinas contra os tremátodes zoonóticos *Schistosoma japonicum, Fasciola hepatica* e *Fasciola gigantica.* ***Parasitol., 133: 43-61.***
- **Medhat A, Shehata M, Bucci K, Mohamed S, Diab A, Dief E, Badary S, Galal H, Nafe M e**

Christopher LK. 1998. Aumento da produção de interleucina-4 e interleucina-5 em resposta a antigénios de vermes adultos de *Schistosoma haematobium* correlacionado com o lago de reinfeção após o tratamento. ***J. Infect. Dis., 178: 512-519.***

- **Meeusen E e Brandon M. 1994.** A utilização de sondas de células secretoras de anticorpos para revelar respostas imunitárias restritas aos tecidos durante a infeção. ***Eur. J. Immunol, 24: 469-474.***
- **Meeusen ENT e Piedrafita D. 2003.** Exploração da imunidade natural aos parasitas helmínticos para o desenvolvimento de vacinas veterinárias. ***Intl. Parasitol, 33: 1285-1290.***
- **Mezo M, Gonzalez-Warleta M, Carro C e Ubeira FM. 2004.** Um ELISA de captura ultrassensível para a deteção de coproantigénios *de Fasciola hepatica* em ovinos e bovinos utilizando um novo anticorpo monoclonal (MMS). ***J. Parasitol, 90: 845-852.***
- **Milbourne EA e Howell MJ. 1990.** Resposta dos eosinófilos à Fasciola hepatica em roedores. ***J. Parasitol, 20: 705-708.***
- **Mohsen MH, Mona AM, Nawras M, Ahmed S, Adel A e Nashwa IIR. 2002.** Dot ELISA para medir os isótipos de IgG *anti-Fasciola* em pacientes com fasciolíase. ***J. Egypt Soc. Parasitol, 32: 571-578.***
- **Molina EC e Skerratt LF. 2005.** Respostas celulares e humorais no fígado de bovinos e búfalos infectados com uma dose única de *Fasciola gigantica.* ***Vet. Parasitol, 131:157-163.***
- **Moreau E, Chauvin A e Boulard C. 1998.** Produção de IFN-gama e IL-10 por linfonodos hepáticos e linfócitos do sangue periférico em ovelhas *infectadas com Fasciola hepatica.* ***Parasite, 5: 307-315.***
- **Morphew RM, Wright HA, Lacourse EJ, Woods DJ e Brophy PM. 2007.** Proteómica comparativa das proteínas excretoras-secretoras libertadas pela fascíola *hepática Fasciola hepatica* na bílis do hospedeiro ovino e durante a cultura in vitro do ex-hospedeiro. ***Mol. Cell Proteomics, 6: 963-972.***
- **Mostafa B, Abdel Kader A e Tantawy A. 2005.** Distribuição de caracóis vectores da esquistossomose e da fasciolíase e riscos de infeção em alguns locais de cultivo de arroz nas províncias de Kafr El- Sheikh e El-Qarbiya, Egito: The present status. ***J. Egypt. Ger. Soc. Zool., 46: 53-65.***
- **Mousa WM. 1994.** Avaliação de antigénios específicos *de Fasciola gigantica* para o diagnóstico da fasciolíase em ovinos infectados experimentalmente e naturalmente por ELISA. ***Vet. Med. J., 42: 7781.***
- **Mulcahy G e Dalton JP. 1998.** Vaccines in the control of liver fluke infection in ruminants: current status and prospects. ***Irish Vet. J., 51: 520-525.***
- **Mulcahy G, Joyce P e Dalton J. 1999.** Imunologia da infeção por *F. hepatica.* In: Dalton, J.P. (Ed.), Fasciolosis. ***CAB International Publishing, Wallingford, Reino Unido, pp. 341-375.***
- **Mulcahy G, O'Connor F, McGonigle S, Dowd A, Clery D, Andrews SJ e Dalton JP. 1998.** Correlação entre o título de anticorpos específicos e a avidez e a proteção em bovinos imunizados contra *Fasciola hepatica.* ***Vaccine, 16: 932-939.***
- **Muro A, Ramajo V, López J, Simón F e Hillyer GV. 1997.** *Fasciola hepatica:* vacinação de coelhos com antigénios nativos e recombinantes relacionados com proteínas de ligação a ácidos gordos. ***Vet.***

Parasitol., 69: 219-229.

• **Mwatha JK, Kimani G, Kamau T, Mbugua GG, Ouma JH, Mumo J, Fulford AJ, Jones FM, Butterworth AE, Roberts MB e Dunne DW. 1998.** Níveis elevados de TNF, receptores solúveis de TNF, ICAM-1 solúvel e IFN-gama, mas níveis baixos de IL-5, estão associados a doença hepatoesplénica na esquistossomose mansónica humana. ***J Immunol, 160: 1992-1999.***

• **Nara T, Hzumi K, Ohmae H, Sy OS, Tsubota S, Inaba Y, Tsubouchi A, Tanabe M, Kojima S e Aoki T. 2007.** Antibody Isotype Responses to Paramyosin, A Vaccine Candidate for Schistosomiasis, and Their Correlations with Resistance and Fibrosis in Patients Infected with *Schistosoma japonicum* in Leyte, The Philippines. ***Am. J. Trop. Med. Hyg., 76: 384-391.***

• **Naus CW, Kimani G, Ouma JH, Fulford AJ, Webster M, Van Dam GJ, Deelder AM, Butterworth AE e Dunne DW. 1999.** Development of antibody isotype responses to *Schistosoma mansoni* in an immunologically naive immigrant population: influence of infection duration, infection intensity, and host age. ***Infect. Immun., 67: 3444-3451.***

• **Nessim NG, Hassan SI, William S e El-Baz H. 2000.** Efeito do medicamento anti-helmíntico de largo espetro flubendazol em ratos infectados experimentalmente *com Schistosoma mansoni.* ***Arznelmlttelforschung., 50:1129-1133.***

• **Nilsson BO. 1990.** Ensaio de imunoabsorção enzimática. ***Curr. Opin. Immunol., 2: 898904.***

• **Nowotny A. 1979.** Basic Exercises in immunochemistry. Springer Verlag, Berlim Heidelberg. ***Nova Iorque. pp: 7-20.***

• **Oldham G e Williams L. 1985.** Imunidade mediada por células a antigénios de *fascíola hepática* durante a infeção experimental de bovinos *por Fasciola hepatica.* ***Parasite Immunol, 7: 503-516.***

• **O'Neill SM, Brady MT, Callanan JJ, Mulcahy G, Joyce P, Mills KHG e Dalton JP. 2000.** *Fasciola hepatica* infection down-regulates Th1 responses in mice. ***Parasite Immunol, 22: 147-155.***

• **O'Neill SM, Parkinson M, Strauss W, Angles R e Dalton JP. 1998.** Imunodiagnóstico da infeção por *Fasciola hepatica* (fasciolíase) na população humana do Altiplano boliviano utilizando catepsina L cisteína protease purificada. ***Am. J. Trop. Med. Hyg., 58: 417-423.***

• **Ortiz PL, Claxton JR, Clarkson MJ, McGarry J e Williams DJ. 2000.** The specificity of antibody response in cattle naturally exposed to *Fasciola hepatica.* ***Vet. Parasitol, 93: 121-134.***

• **Osman MM e Abo El-Nazar SY. 1999.** Avaliação das fracções antigénicas somáticas *de Fasciola* no diagnóstico da fasciolíase humana. ***J. Egy. Soc. Parasitol, 22: 27-35.***

• **Osman MM, Lausten SB, El-Sefi T, Boghdadi I, Rashed MY e Jensen SL. 1989.** Biliary Parasites. ***Dig. Surg., 4: 287-296.***

• **Osman MM, Shehab AY, El-Masry SA, Helmy MH e Farag HF. 1995.** Avaliação dos produtos excretores-secretores *de Fasciola* (E/S) no diagnóstico da fasciolíase humana aguda por ELISA IgM. ***Trop. Med. Parasitol, 46:115-118.***

• **Osman MM, Zaki A, Abutt Samra L, Farag HF e Youssef MM. 1992.** Avaliação das fracções antigénicas somáticas *de Fasciola* no diagnóstico da fasciolíase humana. ***J. Egypt. Soc. Parasitol, 22: 27-35.***

• **Overend DJ e Bowen FL. 1995**. Resistência da *Fasciola hepatica* ao triclabendazole. ***Austral. Vet. J., 72: 275-276.***

• **Park TJ, Kang J, Na B e Sohn W. 2009.** Clonagem molecular e caraterização de uma paramiosina de Clonorchis sinensis. ***Korean J. Parasitol, 47: 359-367.***

• **Partoutomo S, Ronohardjo P, Wilson AJ e Stervenson P. 1985.** Revisão das doenças na Indonésia que afectam a força de tração dos animais domésticos. In: Draught Animal Power for Production. ***Copland JW (Ed.). ACIAR, Camberra, Austráliapp. 140-146.***

• **Patil K, Kulkarni S, Gorad K, Panchal A, Arora S e Gautam R. 2009.** Fasciolíase aguda - causa rara de iterícia obstrutiva - relato de um caso. ***Bombay Hosp. J., 51: 398-400.***

• **Pelley RP e Hillyer GV. 1978.** Demonstração de um antigénio comum entre *Schistosoma mansoni* e *Fasciola hepatica.* ***Am. J. Trop. Med. Hyg., 27:1192-1194.***

• **Perosa F, Carbone R, Ferrone S e Dammacco F. 1990.** Purificação de imunoglobulinas humanas por precipitação sequencial com ácido caprílico e sulfato de amónio. ***J. Immunol. Methods, 128: 9-16.***

• **Phiri AM, Phiri IK, Sikasunge CS, Chembensofu M e Monrad J. 2006.** Comparative fluke burden and pathology in condemned and noncondemned cattle livers from selected abattoirs in Zambia. ***Onderstepoort. Vet. Res., 73: 275-281.***

• **Piacenza L, Acosta D, Basmadjian I, Dalton JP e Carmona C. 1999**. A vacinação com proteinases catepsina L e com leucina aminopeptidase induz altos níveis de proteção contra a fasciolíase em ovinos. ***Infect. Immunity, 67:1954-1961.***

• **Piedrafita D, Estuningsih E, Pleasance J, Prowse R, Raadsma H, Meeusen E e Spithill T. 2007.** Células de lavagem peritoneal de ovelhas de cauda fina da Indonésia medeiam a citotoxicidade do radical superóxido dependente de anticorpos *in vitro* contra *Fasciola gigantica* juvenil recentemente excitada, mas não *contra Fasciola hepatica* juvenil. ***Infect. Immun., 75:1954-1963.***

• **Prasitirat P, Thammasart S, Chompoochan T, Nithiuthai S e Taira S. 1996.** Dinâmica dos títulos de anticorpos e da produção fecal de ovos em bovinos e búfalos após infeção com 500 e 1000 metacercárias *de Fasciola gigantica.* ***Thai. J. Vet. Med., 26: 85-89.***

• **Pujol FH e Cesari IM. 1990.** Antigenicidade da fosfatase alcalina *de Schistosoma mansoni* adulto. ***Parasite Immunol, 12:189:198.***

• **Qureschi T, Wagner GG, Drawe DL, Davis DS e Craig TM. 1995.** Enzyme-linked immunoelectrotransfer blot analysis of excretory-secretory proteins of fascioloides magna and *Fasciola hepatica.* ***Vet. Parasitol, 58: 357-363.***

• **Raadsma HW, Kingsford NM, Suharyanta, Spithill TW e Piedrafita D. 2007.** Host responses during experimental infection with *Fasciola gigantica* or *Fasciola hepatica* in Merino sheep I.

Comparative immunological and plasma biochemical changes during early infection. *Vet. Parasitol, 143: 275-286.*

- **Rabia I, Sabry H e Nagy F. 2010.** Comparação entre diferentes técnicas imunológicas para a deteção do antigénio circulante *de Fasciola* em ovinos. ***New York Science J., 3: 34 -39.***
- **Ragab FM e Farag HF. 1978.** Sobre a fasciolíase humana no Egito. ***J. Egy. Med. Asso., 61: 773-780.***
- **Ragab FM, Mostafa BB e El-khayat HM. 2002.** Influência de adjuvantes na atividade moluscicida de duas plantas contra os hospedeiros intermédios da esquistossomose e da fasciolíase e a sua toxicidade para Daphnia pulex como indicador biológico. ***O 2nd Cong. Rec. Techn. In Agric., Fac. Agric., Fac., Cairo Univ., 28-30 de outubro, 1: 50-60.***
- **Raina OK, Sriveny D e Yadav SC. 2004.** Resposta imunitária humoral contra a proteína de ligação aos ácidos gordos de *Fasciola gigantica. Vet. Parasitol., 124: 65-72.*
- **Rajasekariah GR e Howell MJ. 1977.** The fate of *Fasciola hepatica* metacercariae following challenge infection of immune rats. ***J. Helminthol, 51: 289-294.***
- **Ramajo V, Oleaga A, Casanueva P, Hillyer GV e Muro A. 2001.** Vacinação de ovinos contra *Fasciola hepatica* com proteínas homólogas de ligação a ácidos gordos. *Vet. Parasitol., 97: 35 -46.*
- **Reddington JJ, Leid RW e Westcott RB. 1984.** Revisão dos antigénios de *Fasciola hepatica. Vet. Parasitol, 14: 209-229.*
- **Richardson CD. 1994.** Expressão da tioredoxina em *Fasciola hepatica.* ***Dissertação. Texas A&M University, College Station, TX.***
- **Roberts JA, Estunigsih E, Widjajanti S, Wiedosari E, Partoutomo S e Spithill TW. 1997.** Resistência dos ovinos de cauda fina da Indonésia contra Fasciola gigantica e *Fasciola hepatica. Vet. Parasitol, 68: 69-78.*
- **Rodriguez-Osorio M, Gomez Garcia V, Rojas J e Ramajo Martin V. 1998.** Resposta imunitária humoral e antigenemia em ovinos infectados experimentalmente com *Schistosoma bovis.* Reatividade cruzada com antigénios *de Fasciola hepatica. J. Parasitol, 85: 585-587.*
- **Rodriguez-Perez J e Hillyer GV. 1995.** Deteção de antigénios excretores-secretores circulantes em ovinos infectados com *Fasciola hepatica* e com *Schistosoma mansoni* e *Fasciola hepatica. Vet. Parasitol, 56: 57-66.*
- **Rothwel TLW, Windon RG, Horsburgh BA e Davies HI. 1991.** Algumas respostas cutâneas à injeção de mitogéneos em ovinos, com especial referência aos leucócitos eosinófilos. ***Res. Vet. Sci., 51: 44-47.***
- **Rottier E e Ince M. 2003.** Controlling and preventing Disease. The role of water and sanitation interventions. ***Capítulo: 6, pp: 74- 86.***
- **Ruis A, Molna JM, Gonzalez J, Martinez-Moreno FJ, Gutierrez PN e Martinez-Moreno A. 2003.** Resposta humoral (IgG) de caprinos infectados experimentalmente com *Fasciola hepatica* contra a cisteína proteinase do verme adulto. ***Vet. Res., 34: 435-443.***

• **Ruiz-Navarrete MA, Arriaga C, Bautista CR e Morilla A. 1993.** *Fasciola hepatica:* caraterização de antigénios somáticos e excretores-secretores de vermes adultos reconhecidos por ovinos infectados. ***Rev. Lat. Am. Microbiol., 35: 301-307.***

• **Ruth JH, Bienkowski M, Warmington KS e Lincoln PM. 1996.** IL-1 recetor antagonist (IL-1ra) expression, function, and cytokine mediated regulation during mycobacterial and schistosomal antigen-elicted granuloma formation. ***J. Immunol, 156: 2503-2509.***

• **Sabry H e Mohamed S. 2007.** Eficácia diagnóstica da protease anti-cisteína para a deteção do antigénio *de Fasciola* em amostras de soro e fezes. ***New Egy. J. Med., 36:163-169.***

• **Sakru N, Korkmaz M e Kuman HA. 2004.** Comparação de dois imunoensaios enzimáticos diferentes no diagnóstico da infeção por *F. hepatica*. ***Mikrobiyol Bul., 38:129-135.***

• **Sampaio-Silva ML, Correia da costa JM, Viana da costa AM, Pires MA, Topes SA, Castro AM e Monjour L. 1996.** Componentes antigénicos de produtos excretores-secretores de *Fasciola hepatica* adulta reconhecidos em infecções humanas. ***Am, J. Trop. Med. Hyg., 54: 146-148.***

• **Santiago M, Hillyer GV, Garacia-Ross M e Morales MH. 1986.** Identificação de antigénios funcionais *de Fasciola hepática* em infecções experimentais em coelhos. ***Int. J. Parasitol, 14:197-206.***

• **Savioli L, Chitsulo L e Montresor A. 1999.** Novas oportunidades para o controlo da fasciolíase. ***Bull. Wld. Hlth. Org.,*** *77:* ***3000-3001.***

• **Schof LR, Filutowicz W, Hanna F, Juan V, Xiao BI, Mansfield N e John M. 1998.** Interruptor do isótipo da imunoglobulina G1 dependente da interleucina-4 na presença de uma resposta polarizada de células Th1 específicas do antigénio à glicoproteína de superfície variante do tripanossoma. ***Infect. Immun, 66: 451-461.***

• **Serradell MC, Guasconi L, Cervi L, Chiapello LS e Masih DT. 2007.** Produtos secretórios excretores de *Fasciola hepatica* induzem apoptose de eosinófilos por um mecanismo dependente de caspased. ***Vet. Immunol. Immunopathol., 117:197-208.***

• **Sewell MMH. 1966.** The pathogenesis of fascioliasis. ***Vet. Rec., 78: 98-105.***

• **Shaker ZA, Demerdash ZA, Mansour WA, Hassanein HI, EL Baz e EL Gindy HI. 1994.** Avaliação do antigénio específico de Fasciola no imunodiagnóstico da fasciolíase humana no Egito. ***J. Egy. Soc. Parasitol, 24: 463-470.***

• **Shaker ZA, Hassanein HI, Hamed RR, Botros SS, Mahmoud FS, Mohamed SH, El- Garem AA, De Jonge N e Deelder AM. 1992.** Deteção do antigénio anódico circulante antes e depois da quimioterapia específica na *esquistossomose mansónica* experimental murina. ***Int. J. Immunopharmacol, 14: 151-158.***

• **Sharma RL, Dhar DN e Raina OK. 1989.** Studies on the prevalence and laboratory transmission of fascioliasis in animals in the Kashmir valley. ***Brit. Vet. J., 145: 57-61.***

• **Shoda LK, Rice-Ficht A, Zhu D, McKown R e Brown W. 1999.** Bovine T cell responses to recombinant thioredoxin of *Fasciola hepatica*. ***Vet. Parasitol, 82: 35-47.***

- **Silvana C, Mónica IR, Garciela S, Jorge HL, Marta GC, Enrique JB, Jorge NV, Jorge ET e Eduardo AG. 2001.** Imunodiagnóstico da fasciolíase humana por ensaio de imunoabsorção enzimática (ELISA) e micro ELISA. ***Clin. Diagn. Lab. Immunol., 8:174-177.***

- **Sinclair A e Joyner L. 1974.** O efeito da administração de um antigénio homólogo no estabelecimento da *Fasciola hepatica* no coelho. ***Res. Vet. Sci., 16: 320-327.***

- **Smith AM, Dowd AJ, McGonigle S, Keegan PS, Brennan G, Trudgett A e Dalton JP. 1993.** Purificação de uma proteinase do tipo catepsina L secretada por *Fasciola hepatica* adulta. ***Mol. Biochem. Parasitol, 62:1-8.***

- **Smithers SR. 1982.** Fasciolíase e outras infecções por trematódeos. In: Immunology of parasitic infections. Cohen S. e Warren K.S. (eds.) ***Blackwell Scientific Publications, Oxford, pp. 608-621.***

- **Smithers SR e Doenhoff M. 1982.** Schistosomiasis. In: Immunology of Parasitic Infections (Imunologia das Infecções Parasitárias). S. Cohen e S Warren. ***Blackwell Scientific Publications. pp. 527-607.***

- **Smyth JD. 1994.** Introduction to Animal Parasitology, ***terceira edição. Cambridge University Press, Cambridge.***

- **Sobhon P, Anantavara S, Dangprasert T, Viyanant V, Krailas D, Upatham ES, Wanichanon C e Kusamran T. 1998.** *Fasciola gigantica:* estudos do tegumento como base para o desenvolvimento do imunodiagnóstico e da vacina. ***Southeast Asian J. Trop. Med. Pub. Health, 29: 387-400.***

- **Solano M, Ridley RK e Minocha HC. 1991.** Produção e caraterização de anticorpos monoclonais contra produtos excretores-secretores de *Fasciola hepatica*. ***Vet. Parasitol., 40: 227-239.***

- **Soliman GN. 1996.** Filo dos platelmintos. In: Zoologia de Invertebrados. Soliman GN (Ed.). ***The Palm Press, Zamalek, Cairo, Egito pp. 197-201.***

- **Soliman M. 2008.** Revisão epidemiológica da fasciolíase humana e animal no Egito. ***J. Infect. Develop. Count., 2: 182-189.***

- **Soulsby EJL. 1973.** Helminthes: trematoda. In: Helminthes, Arthropods and Protozoa of Domesticated Animals. Soulsby EJL (Ed.). 6th edition. ***Baillier, Tindall and Cssell Ltd, Londres, Reino Unido, pp. 22-38.***

- **Soulsby EJL. 1982.** Técnica. In: Helminthes, Arthropods and Protozoa of Domesticated Animals. Soulsby EJL (Ed.). 7th edition. ***Bailliere Tindall, Londres, Reino Unido, pp. 763-775.***

- **Spithill TW, Piedrafita D e Smooker PM. 1997.** Immunological approaches for the control of fascioliasis. ***Int. J. Parasitol, 27: 1221-1235.***

- **Spithill TW, Smooker PM e Copeman DB. 1999a.** *Fasciola gigantica:* epidemiologia, controlo, imunologia e biologia molecular. In: Fasciolosis. Dalton JP (Ed.). ***CAB International publishing, Wallingford, Oxon, UK pp. 465-509.***

• **Spithill TW, Smooker PM, Sexton JI, Bozas E, Morrison CA, Creany J e Parsonf JC. 1999b.** Desenvolvimento de uma vacina contra a *Fasciola hepatica.* In: fascioliasis. ***Dalton, J.P. (ed) CABI Publishing Wallingford, YK. E Nova Iorque, p. 377-410.***

• **Strube C, Buschbaum S, von Samson-Himmelstjerna G e Schnieder T. 2009.** Alterações transcricionais dependentes da fase e caraterização da paramiosina do verme pulmonar bovino *Dictyocaulus viviparus.* ***Parasitol. Int., 58: 334-340.***

• **Taira N, Yoshifuj H e Boray JC. 1997.** Potencial zoonótico da infeção por *Fasciola spp.* através do consumo de fígado cru acabado de preparar contendo vermes imaturos. ***Int. J. Parasitol, 27: 775-779.***

• **Tantrawatpan C, Maleewong W, Wongkham C, Wongkham S, Intapan PM e Nakashima K. 2003.** Caracterização do antigénio excretor-secretor de 27-kDa do adulto de *Fasciola gigantica* na fasciolíase humana. ***Parasitol. Res., 91: 325-327.***

• **TBRI/UNEP. 1985-1987.** Projeto de investigação: O efeito da introdução da mecanização na cultura do arroz sobre a transmissão da esquistossomose no Egito. ***Instituto de Investigação Theodor Bilharz, Giza, Egito.***

• **Tijssen P e Kurstak P. 1984.** Métodos simples e altamente eficientes para a preparação de peroxidase e conjugado peroxidase-anticorpo ativo para imunoensaios enzimáticos. ***Anal. Biochem, 136: 451-457.***

• **Timanova A, Muller S, Marti T, Bankov I e Walter RD. 1999.** Proteína de ligação a ácidos gordos de Ascaridia galli, um membro da família dos alergénios poliproteicos de nemátodos. ***Eur. J. Biochem, 261: 569-576.***

• **Tinell M, Falagiani P, Riva G e Genchi C. 1987.** RAST e ELISA em três infecções parasitárias de antochonus em Itália: Toxariose, hidatidose e fasciolíase. ***Boll.1st Sieroter, Milão, 66: 38-45.***

• **Tkalcevic J, Brandon MR e Maeusen NT. 1996.** *Fasciola hepatica:* Mudança rápida da expressão de antigénios específicos da fase após a infeção. ***Parasitol. Immunol., 18: 139-147.***

• **Tliba O, Chauvin A, Le Vern Y, Boulard C e Sbille P. 2002.** Avaliação da resposta das células NK hepáticas durante a fase inicial da infeção por *Fasciola hepatica* em ratos. ***Vet. Res., 33: 327-332.***

• **Torgerson P e Claxton J. 1999.** Epidemiologia e controlo. In: Fasciolosis. Dalton JP (Ed.). ***CAB International publishing, Wallingford, Oxon, UK pp 113-139.***

• **Tsang VCW, Perlata JM e Simons AR. 1983.** Técnicas de imunoelectrotransferência blot ligadas a enzimas (EITB) para o estudo das especificidades de antigénios e anticorpos separados por eletroforese em gel. In: Métodos em Enzimologia. Técnicas imunoquímicas. Parte E.J.J. Langone e H.V. Vanakie (Eds.) Nova Iorque, ***Academic Press. pp. 377-391.***

• **Ueno H e Yoshihara S. 1974.** Distribuição vertical de metacercárias *de F. gigantica* em caules de plantas de arroz cultivadas num vaso de água. ***Nat. Inst. Anim. Health, 14: 54-60.***

• **Valero MA, Ubeira FM, Khoubbane M, Artigas P, Muino L, Mezo M, Perez-Crespo I, Periago MV e Mas-Coma S. 2009.** Avaliação por MM3-ELISA da libertação de coproantigénios e da produção de anticorpos séricos em ovinos infectados experimentalmente com *Fasciola hepatica* e *Fasciola gigantica*. ***Vet. Parasitol., 159: 77-81.***

- **Van Milligen FJ, Cornelissen JBWJ, Gaasenbeek CPH e Bokhout BA. 1998.** Um novo modelo de infeção *ex vivo* em ratos para estudar a imunidade protetora contra a *Fasciola hepatica* a nível intestinal. ***J. Immunol. Meth., 213:183- 190.***

- **Vazquez-Talavera J, Solis CF, Medina-Escutia E, Lopez ZM, Proano J, Correa D e Laclette JP. 2001a.** Mapeamento de epítopos de células T e B humanas da paramiosina *de Taenia solium*. ***Parasite Immunol, 23: 575-579.***

- **Vazquez-Talavera J, Solis CF, Terrazas LI e Laclette JP. 2001b.** Caracterização e potencial protetor da resposta imunitária à paramiosina de *Taenia solium* num modelo murino de cisticercose. ***Infect. Immun., 69: 5412-5416.***

- **Velusamy R, Singh BP, Sharma RL e Chandra. 2004.** Deteção do antigénio 54-kDa circulante no soro de vitelos bovinos infectados experimentalmente com *Fasciola gigantica*. ***Vet. Parasitol, 119: 187-195.***

- **Venkatesan P e Wakelin D. 1993.** ELISAs for parasitologists: or lies, damned lies and ELISAs. ***Parasitol. Today, 9: 228-232.***

- **Villa-Mancera A, Quiroz-Romero H, Correa D, Ibarra F, Reyes-pe Rez M, Reyes-Vivas H, Lopez-Vela Zquez G, Gazarian K, Gazarian T e Alonso RA. 2008.** Indução de imunidade em ovinos contra *Fasciola hepatica* com mimotopos de catepsina L selecionados a partir de uma biblioteca de exposição de fagos. ***Parasitol, 135: 1437-1445.***

- **Voller A, Bidwell D, Huldt G e Engvall E. 1974.** Um método de microplaca de ensaio de imunoabsorção enzimática e sua aplicação à malária. ***Bull. Wld. Health. Org., 51: 209-211.***

- **Waldvogel AS, Lepage MF, Zakher A, Reichel MP, Eicher R e Heussler VT. 2004.** Expressão da interleucina 4, das variantes de corte da interleucina 4 e do ARNm do interferão gama em vitelos infectados experimentalmente com *Fasciola hepatica*. ***Vet. Immunol. Immunopathol., 97: 53-63.***

- **Wedrychowicz H, Kesik M, Kaliniak M, Kozak-Cieszczyk M, Jedlina-Panasiuk L, Jaros S e Plucienniczak A. 2007.** Potencial vacinal de corpos de inclusão que contêm cisteína proteinase de *Fasciola hepatica* em vitelos e cordeiros experimentalmente desafiados com metacercárias da fascíola. ***Vet. Parasitol, 147: 77-88.***

- **OMS. 1995.** Control of food-borne trematode infections. Comité Exeprt da OMS, Genebra, WHO Techn. Rep. No. 849.

- **OMS. 1997.** Controlo dos vectores. Methods for use by individuals and communities. Organização Mundial de Saúde, Genebra, preparado pelo Dr. Jan A. Rozendal. Capítulo 8: Importância para a saúde pública, infeção por trematódeos de origem alimentar (3) - caracóis de água doce, ***p: 384-350.***

- **OMS. 2004.** Infecções por tremátodes de origem alimentar na Ásia. Um seminário conjunto OMS/FAO. Relatório nº RS/2002/GE/40(VNT).

- **OMS. 2007**. Relatório da reunião informal da OMS sobre a utilização do triclabendazol no controlo da fasciolíase. WHO/CDS/NTD/PCT/2007.1.

- **Wijffels GL, Panaccio M, Salvatore L, Wilson L, Walker ID e Spithill TW. 1994a.** A proteinase secretada tipo catepsina L do trematódeo. *Fasciola hepatica*, contém resíduos de 3-hidroxiprolina. ***Biochem. J., 299: 781-790.***

- **Wijffels GL, Salvatore L, Dosen M, Waddington J, Wilson L, Thompson C, Campbell N, Sexton J, Wicker J, Bowen F, Friedel T e Spithill TW. 1994b.** Vaccination of sheep with purified cysteine proteinases of *Fasciola hepatica* decreases worm fecundity. ***Exp. Parasitol, 78:132-148.***

- **Wongkham C, Tantrawatpan C, Intapan PM, Maleewong W, Wongkham S e Nakashima K. 2005.** Avaliação dos anticorpos da subclasse da imunoglobulina G contra a catepsina L1 recombinante *de Fasciola gigantica* num ensaio de imunoabsorção enzimática para o serodiagnóstico da fasciolose humana. ***Clin. Diagn. Lab. Immuonol., 12:1152-1156.***

- **Yamaguchi M, Lantz CS, Oettgen HC, Katona IM, Fleming T, Miyajima I, Pierre Kinet J e Galli SJ. 1997.** IgE aumenta a expressão de Fc eRI de mastócitos de rato *in vitro* e *in vivo:* evidência de um novo mecanismo de amplificação em reacções dependentes de IgE. ***J. Exp. Med., 185: 663-672.***

- **Yamasaki H e Aoki T. 1993**. Clonagem e análise da sequência da principal cisteína protease expressa no parasita trematódeo *Fasciola spp*. ***Biochem. Mol. Biol. Internat., 31: 537-542.***

- **Yamasaki H, Aoki T e Oya H. 1989.** Uma cisteíno-proteinase da fascíola do fígado *Fasciola spp*: purificação, caraterização, localização e aplicação ao imunodiagnóstico. ***Jap. J. Parasitol, 38: 373-383.***

- **Yang J, Gu Y, Yang Y, Wei J, Wang S, Cui S, Pan J, Li Q e Zhu X. 2010.** *Trichinella spiralis:* resposta imunitária e imunidade protetora provocadas pela paramiosina recombinante formulada com diferentes adjuvantes. ***Exp. Parasitol, 124: 403-408.***

- **Yokananth S, Ghosh S, Gupta SC, Suresh MG e Saravanan D. 2005.** Caracterização de antigénios específicos e de reação cruzada de *Fasciola gigantica* por immunoblotting. ***Parasitol. Res., 97: 41-48.***

- **Yokogawa M. 1982.** Questões recentemente introduzidas sobre Paragonimus westermani. ***Taiwan YiXue Hui Za Zhi, 81: 774-780.***

- **Yousif F, El-Emam M, Abdel Kader A, Sharaf El-Din A, El-Hommossany K e Shiff C. 1999.** Schistosomiasis in newly reclaimed areas in Egypt. 2- Padrão de transmissão. ***J. Egypt. Soc. Parasitol, 29: 635-648.***

- **Yousif F, El-Emam M, Abdel Kader A, Sharaf El-Din A, El-Hommossany K e Shiff C. 1998b.** Schistosomiasis in newly reclaimed areas in Egypt. 1. Distribuição e flutuação sazonal da população de caracóis hospedeiros intermediários. ***J. Egypt. Soc. Parasitol., 28: 915-928.***

- **Yousif F, Ibrahim A, Abdel Kader A e El-Bardicy S. 1998a.** Invasão do vale do Nilo por um híbrido de *Biomphalaria glabrata* e *Biomphalaria alexandrina,* caracóis vectores de Schistosoma mansoni no Egito. ***J. Egypt. Soc. Parasitol, 28: 569-582.***

- **Youssef FG, Mansour NS e Aziz AG. 1991.** Diagnóstico precoce da fasciolíase humana através da deteção de copro-antigénios por contra-imunoeletroforese. ***Trans. R. Soc. Trop. Med. Hyg., 85: 383-384.***
- **Zhang WY, Moreau BE, Hope JC, Howard CJ, W.Y. Huang WY. 2005.** Chauvin b. Fasciola hepatica e *Fasciola gigantica:* Comparação da resposta celular à infeção experimental em ovinos. ***Exp. Parasitol, 111:154-159.***
- **Zhang WY, Moreau E, Yang BZ, Li ZQ, Hope JC, Howard CJ, Huang WY e Chauvin A. 2006.** Respostas imunes humorais e celulares à infeção experimental por *Fasciola gigantica* em búfalos. ***Res Vet Sci., 80: 299-307.***
- **Zhao Q-P, Moon S-U, Na B-K, Kim S-H, Cho S-H, Lee H-W, Kong Y, Sohn W-M, Jiang M S e Kim T-S. 2007.** *Paragonimus westermani:* Caracterização bioquímica e imunológica da paramiosina. ***Exp. Parasitol, 115: 9-18.***
- **Zheng HJ, Tao Zheng-Hou CW e Pessens WF. 1990.** Comparação de dot-ELISA com sandwich ELISA para a deteção de antigénios circulantes em pacientes com filariose bancroftiana. ***Am. J. Trop. Med. Hyg., 42: 246-254.***

- **Zhou S, Liu S, Song G, Xu Y e Sun W. 2000.** Imunidade protetora induzida pelo cDNA de comprimento total que codifica a paramiosina do *Schistosoma japonicum* chinês. ***Vaccine, 18: 31963204.***

MIX
Papier aus verantwortungsvollen Quellen
Paper from responsible sources
FSC® C105338

Printed by Books on Demand GmbH, Norderstedt / Germany